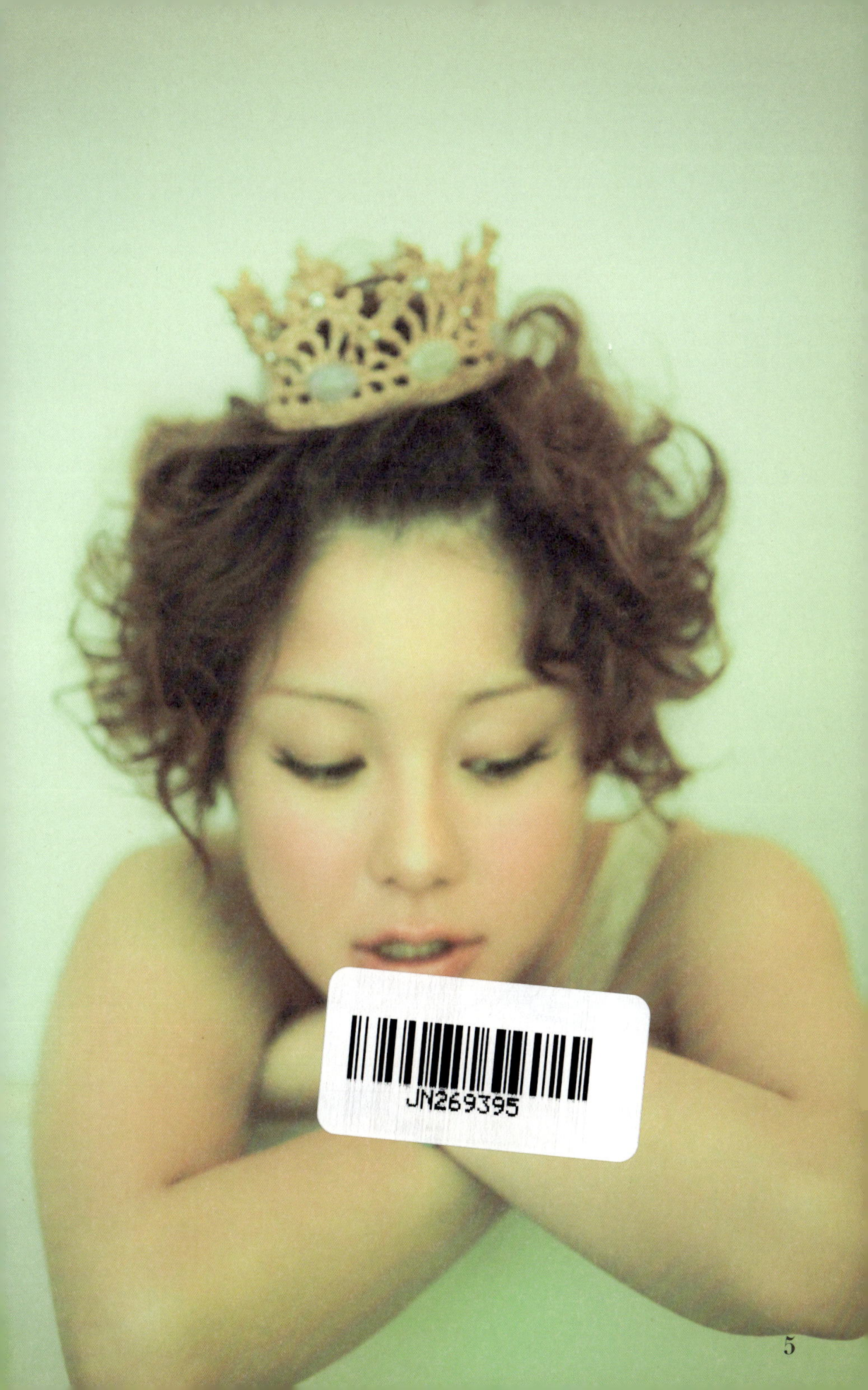

Contents

Miho ♥

Chapter 01
Fashion ...022

My FASHION Rules　美保的ファッションの鉄則 ...024
Miho CASUAL 6 Keywords　永遠の「美保カジ」キーワード6 ...026
My CLOSET　美保の私服ワードローブを公開 ...030
Private STYLE 100days　美保の私服 100days ...034

Chapter 02
Beauty ...042

Miho's MAKE : Before & After　素顔＆メイク ...044
How to MAKE UP　セルフメイク実況中継 ...046
Cheer up with PARTY FACE
ドレスアップしたい時はこんなメイク ...048
Chronicle of MIHO SHORT　大人気！「美保ショート」の変遷 ...050
Miho's Favorite COSMETICS　美保の愛用コスメ ...052
My Original DIET&EXERCISE　美保流ダイエット ...056

Chapter 03
History ...068

My LIFE Story　モデル田中美保ができるまで ...070
My Happy CHILDHOOD　美保の思い出のアルバム ...072
Memorable SHOOTINGS
「セブンティーン」と「ノンノ」の名場面集 ...074
Miho's Column for non·no　ノンノでの連載の数々 ...080
Miss COVER GIRL　今までの表紙を大公開！ ...082

Chapter 04
Private ...090

24 HOURS of Miho　美保の1日に密着！ ...092
Digi-Cam COOKING Diary　手料理デジカメダイアリー ...094
Miho's Recommended SHOP LIST　美保出没 MAP ...096
100 QUESTIONS for Miho　美保へ100の質問 ...100
My MANGA Selection　美保の鉄板マンガ 34 作 ...106

Special Feature!
美保の理想の彼がマンガで登場！「理系男子に恋をした。」...111

Chapter 05
Love ...112

My LOVE Philosophy　美保の愛情哲学 ...114
28th Birthday　28歳の誕生日会にカメラが潜入 ...118
LOVE LETTERS from Miho's Friends
美保を愛するみんなからのメッセージ ...120

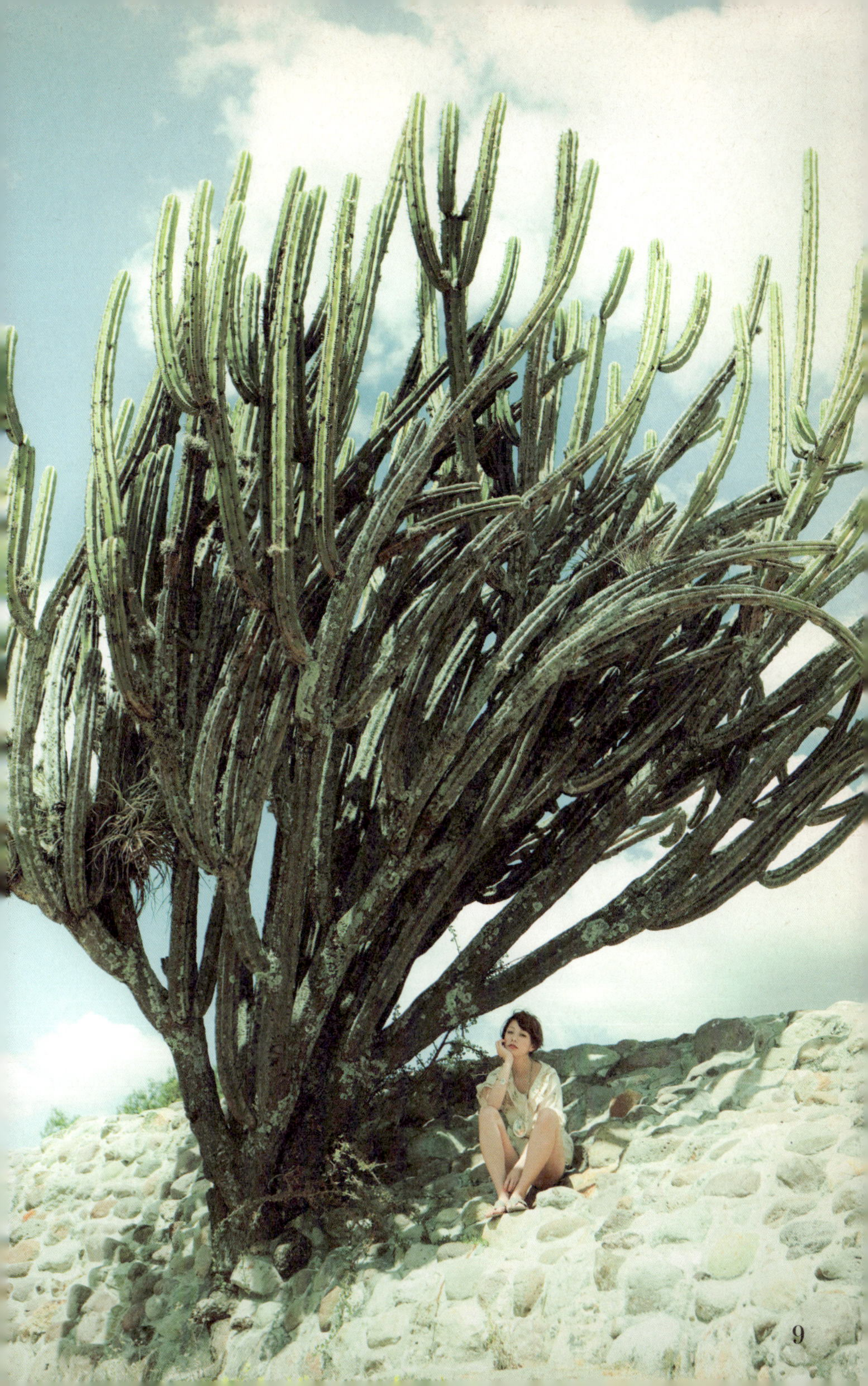

Le llevará a un nuevo lugar

"Sr. Taxi?

El aroma de las innumerables especias me lleva al país de las maravillas.

Alguna manera me hace sentir tranquila...

Daniel Espinosa

Caminar en el casco histórico,
me trae de vuelta recuerdos
perdidos hace mucho tiempo.

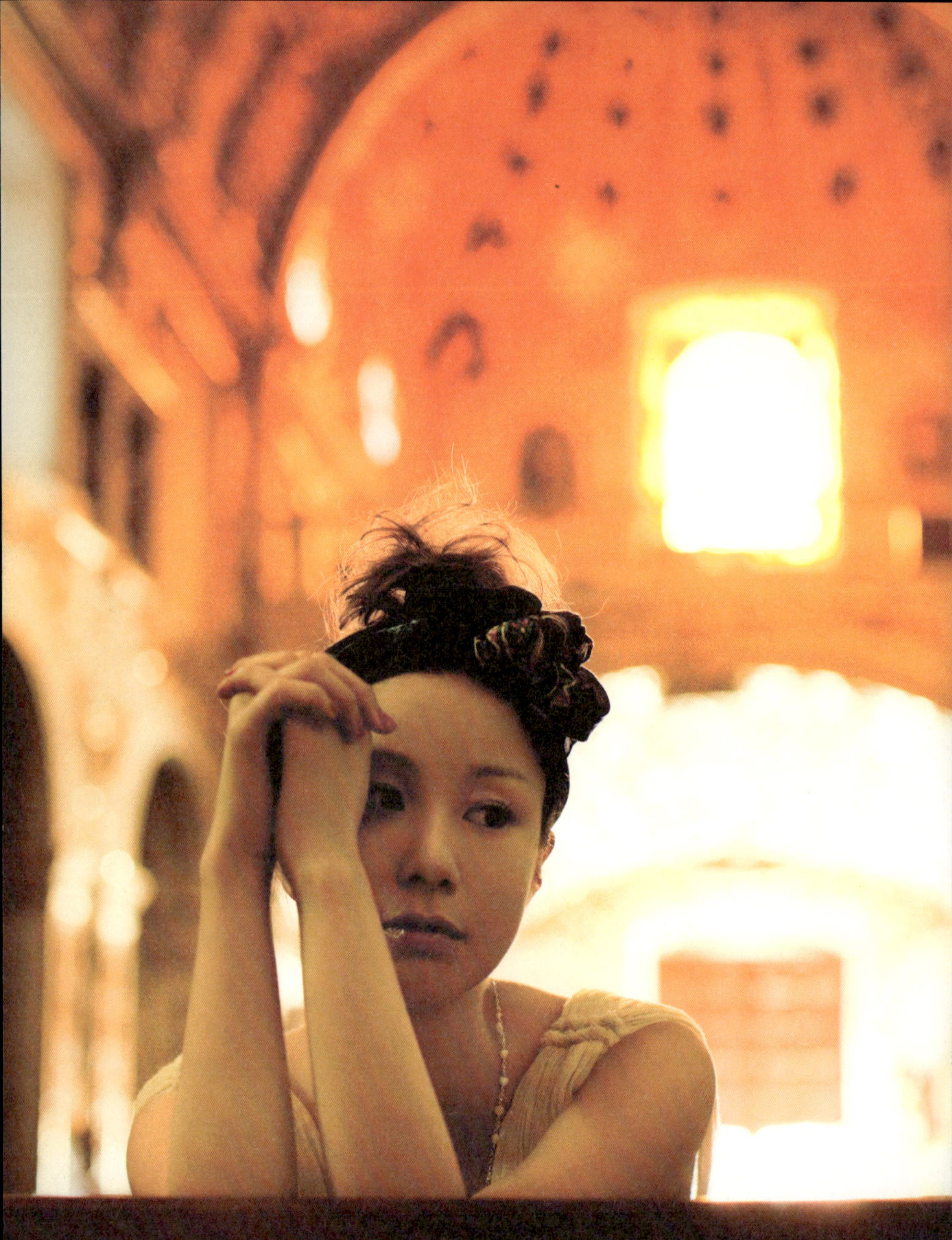

17

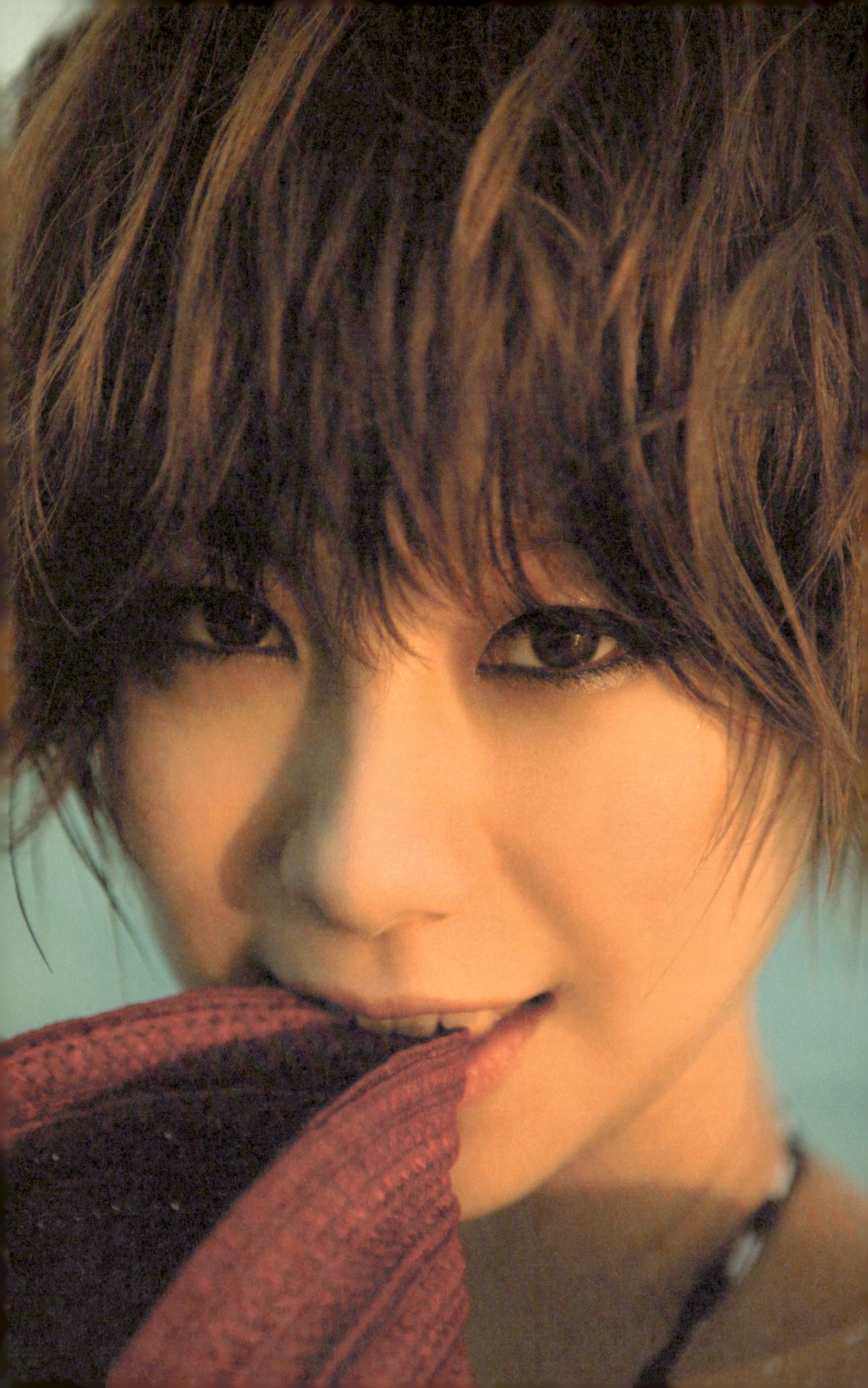

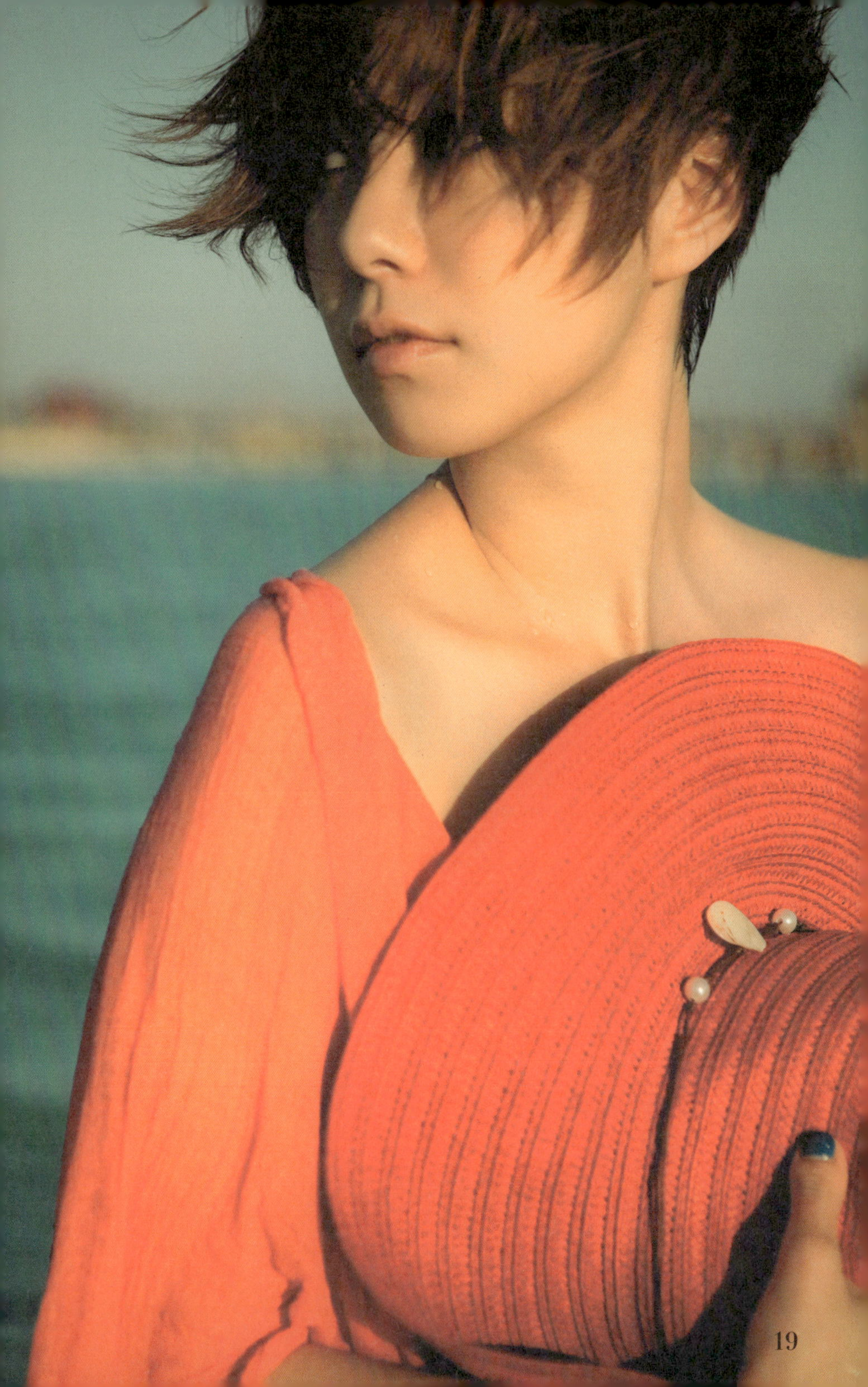

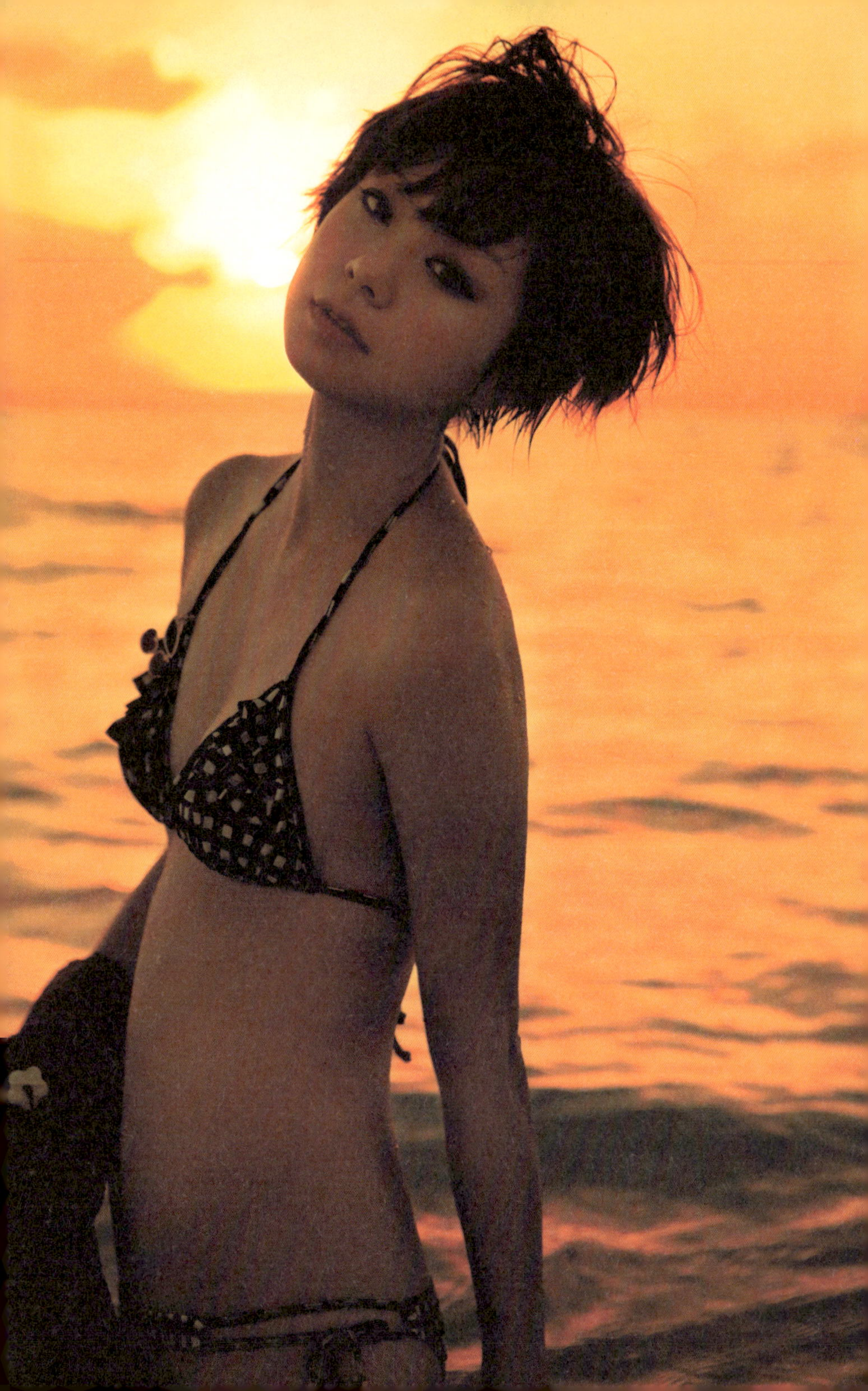

21

22 Miho♥

Chapter 01
Fashion

大人気の「美保カジ」から、リアルな私服コーデまで
美保ファッションのすべて

My FASHION Rules

美保的ファッションの鉄則

ロングヘアにガーリー服が幼い私の定番スタイル

今ではカジュアルスタイルが定番の私だけど、幼い頃はガーリーな服が大好きだったの。ワードローブはワンピースやスカートがメイン。パンツなんてはいたことなかったんじゃないかな。なかでも、一番のお気に入りがミニスカートのセットアップで。お正月や親戚が集まる特別な日は必ず上下お揃いの服を着ていたの。小学生になると、男の子にまざってサッカークラブに入ったり……オテンバっぷりがどんどん加速していくんだけど(笑)。それでもやっぱり、ファッションはガーリーなものが好きだった。可愛い洋服が大好き。そんな女の子に育ったのは、母の影響が強かったんだと思う。もともと、母がオシャレ好きで、私が着る洋服にスゴクこだわっていたんだよね。今でも、昔の写真を見ると「可愛い服を着ているな」って思うんだけど……幼い頃って"モノトーンのワンピース"より"セーラームーンのTシャツ"が魅力的だったりするでしょう？　そういうのは母が嫌がるから、そこは子供ながらに気を使って。コッソリおばあちゃんに頼んで買ってもらったのを覚えてる(笑)。

オシャレから遠のいていた"消したい過去"

私のオシャレ人生において"抹消したい過去"といえば"中学生時代"。中学生の頃は、女子バレー部に入って部活に燃えていたから。基本的に、365日、制服かジャージ。おこづかいの使い道も"洋服"ではなく"帰りの買い食い"に消えていく……そんな毎日(笑)。
中学生になってからは、モデルの仕事をスタートさせていたので、撮影に行く日は私服だったんだけど。それもまた、当時大人気だったSPEEDの影響を思い切り受けたダボダボファッション。それが当時の私の一張羅だったんですよ(笑)。仕事のオーディションに行くたびに「ちゃんとした服着てきてって言ったじゃない」ってマネージャーにしょっちゅう怒られていたよね(笑)。

ファッションのトライ＆エラーを重ねた10代

再び、オシャレに興味を持ちだしたのが高校生時代。当時はギャルブームだったので、放課後や撮影の後……ヒマなときはしょっちゅう渋谷109に行ってた。数あるギャルショップの中でも『エゴイスト』的なフェミニン系より『SHAKE SHAKE』や『LOVE BOAT』なんてカジュアルなお店が大好きで。今の自分のベースが作られ始めたのはこの頃なのかもしれないね。
そして、人生の中で「一番買い物をした!!」と断言できるほど、洋服に情熱を燃やしたのが短大時代。私が通っていたのは服飾学科だったから、学校に行くだけで気合いが入ったの。放課後は、毎日のように原宿へ。『ガルシアマルケス』『ハニーサロン』『コイガールマジック』……お気に入りのお店をのぞいていた。
背伸びをして、デザインの凝ったモードな服に手を出したことも。買ってはみたものの、洗濯した後に「あれ、これどうやってたんで仕舞えばいいんだろう？」って途方にくれてしまったりして(笑)。また、そういう主張の強い服って、結局、数回しか着られないから"タンスの肥やし"で終わらせてしまった服が何枚もあった……。そんな失敗を繰り返し経験した結果、私は「やっぱり、シンプルでベーシックなスタイルが一番!!」と思うようになったのです(笑)。

"運命の1枚を探す"それが今の私のこだわり。

安室奈美恵さんに憧れて"バーバリーチェックのスカートに黒のタートルネック"なんて、全く同じスタイルを真似てみたり。似合わないギャルファッションに身を包んだり。個性的すぎる洋服に自分が着られてしまったり……10代の頃を振り返ると、思わず赤面してしまうような、恥ずかしい自分の姿だらけ(笑)。でも、そんなトライ＆エラーを積み重ねたことで"本当に自分に似合うスタイル"や"好きな服"に辿りつくことができたんだよね。
今、私が大切にしているのは素材とディテール。重ね着をしないワンツーコーディネートが私の基本。ワードローブもカジュアル＆モノトーンがメイン。シンプルでベーシックな今のスタイルを愛するようになってから、1枚1枚にスゴクこだわるようになってきた。パーカひとつにしても、微妙なラインやカッティングの違いで、着たときのシルエットが変わる……。よく、友達から「同じような服もう持ってるじゃん」って言われるんだけど、私の中では本当に「全部違う」んです(笑)。それだけに、買い物では必ず試着をします。実際に身につけてシルエットや肌ざわりを確認。値段は高くても本当に気に入った服だけを買うようになりました。そんな"やっと出会えた運命の1枚"は長く愛したい。だから、素材も必ずチェックするの。せっかく出会えたのに、洗濯して縮んだり、毛玉になってしまったら、ものスゴク悲しいじゃないですか。少しずつ、クローゼットに増えてきた"永遠の鉄板アイテム"達。これからも大切に着ていきたいな♪

MIHO CASUAL

6 Keywords

永遠の「美保カジ」キーワード6

ノンノで毎回大反響の「美保カジ」。シンプルかつカッコかわいい着こなしは、いつでもみんなのなりたいスタイルNo.1。「美保カジ」になるための永久不滅のルールを伝授します。

Main color is Black

2009年20号
「秋の鉄板コーデ」

2010年4号
「今すぐ着たい春コーデ」

2008年19号「人気モデルズ5人の秋コーデ」

2006年5号
「白ベージュ黒」

Miho Casual Keyword 1
Black

メインカラーは黒

「美保カジ」といえば、クールな黒が主役。他のモノトーンカラーと組み合わせたり、きれい色をポイントで取り入れたり。どんな色ともしっくり馴染むのもいいところ。

1 黒×グレーのグラデーション使いは、こなれた印象に見せる効果大。シンプルなロゴTに、黒のマフラーをひと巻き。
2 シンプルなのに華やか! 黒+グリッターのカジュアルロックスタイル。
3 ケミカルカラーのニットを大胆に取り入れ。黒の小物で、着こなしを引き締めて。
4 ロマンティックな黒ブラウス。クールなカーゴパンツを合わせてカッコかわいく。

Miho ♥

Miho Casual Keyword ② Mix

基本は甘辛MIX

カジュアルだけど、どこかに女らしさも持ち合わせている……それも「美保カジ」が支持される大きな理由のひとつ。服のテイストや色の組み合わせで、「甘さ」と「辛さ」をバランスよくミックスさせて。

1 ベアトップ型がフェミニンなオールインワンに、カジュアルなトートを斜め掛け。
2 華やかなピンクのワンピースの足元は、地味派手スニーカーでカジュアルダウン。
3 デニスカの着こなしに、キャップ&パンプスをプラス。今でも十分通用するコーデ。
4 スイートな白のふわミニの着こなしに、クールな黒ベストをオン。

Basic is the mix of Sweet & Cool

1 — 2008年11月号「美保カジ in Hawaii」
2 — 2008年8月号「美保が一番気になるスニーカースタイル」
3 — 2007年8月号「田中美保になりたい」
4 — 2008年9月号「美保カジマストバイ5」

Chapter 01 Fashion 27

Miho Casual Keyword 3
Accessory
派手小物をプラス

トップスやボトムなどの基本アイテムは、シンプルなデザインをチョイス。でも小物では思い切り冒険するのが「美保カジ」の王道ルール。パンチがありつつ流行感のある小物で、着こなしにアクセントを。
1 フリンジタイプのスカーフ、スタッズ付きベルトで、ロックな着こなしに。
2 タイダイ柄ストールで、エスニック感をプラス。小物ならやりすぎにはならない。
3 シンプルなグレーTシャツも、黒のハットの威力で、おしゃれ度パワーアップ。

2010年5号「春ストールでおしゃれ対決!」
2009年16号「セシルの大人ガーリーvs.美保の大人クール」
2008年8号「美保が着るガールズTシャツ」
2010年8号「春の本命コーデ」

Add Flashy Accessory

Miho Casual Keyword 4
Feminine
足元はフェミニンに

着こなしがどんなにカジュアルでも、足元だけは女らしくまとめるのが鉄則。特にパンツスタイルには、大人っぽさを演出してくれるヒールパンプスが欠かせない。脚をきれいに見せてくれるのもうれしい限り♡
1 シンプルコーデに映える、ピンクのウェッジパンプス。かわいい印象に。
2 難易度高い白デニムの着こなし。やっぱり黒のパンプスで引き締めるのがお約束。
3 ストラップ使いと細ヒールが女らしい黒サンダルで、大人なデニムスタイルに。

2009年17号「秋味トップスで一発イメチェン」
2010年4号「今すぐ着たい春コーデ」

Femininity in Shoes

28 Miho♥

Miho Casual Keyword 5

Border
ボーダー LOVE ♡

無地アイテムがメインの「美保カジ」だけど、ボーダーだけは特別。基本の一枚があれば、マリン、フレンチ、ロック……と、着こなしのバリエーションがグンと広がる。一枚だけでサマになるのも、いいところ。
1 基本の黒×白のカジュアルな太ボーダー。スキニー×ブーツインでクールに。
2 フェミニンな細ボーダー。ゆるパンツを合わせて、ドリーミーな着こなしに。
3 ボーダーワンピに、ダウンベストをオン。スポーツMIXスタイルの出来上がり。

2 I ♡ Bordered Clothes

2008年23号
「ケイトモスのモノトーン」

2010年11月号
「希&美保 最愛ブランドコーデ」

2008年18号
「秋の美保カジは柄MIXでいく」

Miho Casual Keyword 6

Denim
最愛ボトムは デニム

「美保カジ」に絶対欠かせない主役アイテム。元気なコーデから、大人なコーデまで、デニムさえあれば、どんな着こなしも思いのまま。肌見せトップスやパンプスで、女らしさをキープするのがポイント。
1 白シャツ+デニムの定番コーデ。ボーダーTとベレー帽をプラスしてフレンチ風に。
2 ビキニトップ+オーバーオール。南の島へ旅行するときは、この組み合わせが鉄板。
3 ロールアップにポニーテールがヘルシー。美保もお気に入りの1ショット。

2008年11号
「美保カジ in Hawaii」

2010年10号
「シャツ31days」

2004年20号
「クールフェミニン着回し大作戦」

Beloved bottom is the Denim!

Chapter 01 Fashion 29

My CLOSET

美保の私服ワードローブを公開

長く愛している服、そして、新しく出会ったお気に入りまで。美保の"定番"を紹介♪
※すべて私物のため、販売が終了しているものがあります。ご了承ください。

Denim

"いつの時代も変わらず大好き♡
定番中の定番といえばコレ!!"

a.『GRIFONI DENIM』はボーイズカジュアルの必須ボトム。Tシャツ/JACK OF ALL TRADES（¥13650）　キャミソール/LagunaMoon（¥1890）　靴/Daniela Polo

b.『R13』はラフなピッタリ感がお気に入り。c.ラインが絶妙な『tee-hee』のデニム♡ d.スキニーは美脚効果が命。この『Acne』は優秀!! e.『J BRAND』も美脚率高め。f.カットオフのミニスカはタイツやレギンスに合わせて活躍。『One Teaspoon』のスカートはクラッシュ具合がベスト。g.『ATESPEXS』はポケットまわりのスタッズが可愛い♡ h.一枚あると使えるグレーは『Lee×Cher』をセレクト。i.季節問わず活躍する便利なカットオフは『WHAT GOES AROUND COMES AROUND』。ゆるっとしたラインが◎。ポケットまわりのターコイズ使いが、エスニックな雰囲気。j.『Lee×Cher』のカットオフは鉄板☆。k.やわらかい生地がはきやすい『CURRENT/ELLIOTT』。l.ブラックデニムのカットオフは『Lee×tee-hee』。リアルなボーイズラインが可愛いの♡

Miho♥

Parka

"何枚あっても嬉しい優秀アウター。なんにでも合うのがいいよね"

b. 友達からのもらいもの。**c.** キレイめコーディネートもイケる『ロンハーマン』のネイビーパーカ。**d.** 遊び心ある配色が可愛い『H&M』。**e.** アクセントになる『RITA JEANS TOKYO』のゼブラ☆ **f.** 全色そろえたい!! 優秀&定番の『ドレステリア』のパーカ。**g.**『Laugh Cry Repeat by AZFN』の黒パーカは、背中が開いてるデザインがお気に入り。

a.『SPALDING by SLY』のパーカは程よく長め&タイトなラインが魅力。Tシャツ／DRWCYS（¥3675）デニム／WHAT GOES AROUND COMES AROUND メガネ／jouetie（¥2940）

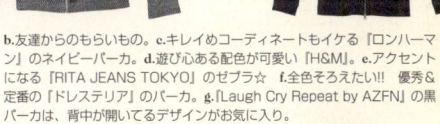

a.『アメリカンラグ シー』の、白コットンのロングスカート。シャツ／ジャーナル スタンダード レリューム 表参道店（¥9975）キャミソール／amyris（¥4830）靴／ナノ・ユニバース 東京（メリーネ ¥26040）

Long Skirt

"ロングならスカートもカジュアルに。幅広い着こなしが楽しめるのも魅力なの"

b.『Cher』で買った『FRUIT CAKE』の白ロング。ガーリーになりすぎないように、カジュアルなトップスを合わせて甘辛に仕上げるのが田中流。 **c.**『AMIW』のプリントスカートは、ベアワンピにして着ることも。

Chapter 01 Fashion

Heel shoes

ハイヒールはどんなカジュアルスタイルも女性らしく仕上げてくれる。いい靴は"大人の品"も届けてくれる。昔は苦手だったけど今はヒールが好き

a. シンプルCDにプラスするだけで華やかになる『House of Harlow 1960』のサンダル。キャミソール／k3 OFFICE(G.V.G.V.¥17850) デニム／LagunaMoon(¥5985)

b.『H&M』では服だけでなく靴もチェック。お手頃で旬な靴が手に入る♪ c.『クリスチャンルブタン』は女の子の永遠の憧れ。d.レオパード柄の『アレキサンダー・ワン』はデザインにヒトメボレ♡ e.ラインがキレイな『イヴ・サンローラン』。f.シンプルだけど脚がキレイに見える、さすがの『クリスチャンルブタン』。g.『mic G』のパンプスは主張しすぎないさりげない柄がお気に入り。h.『クリスチャンルブタン』は履きやすさも魅力のひとつ。i.品のある程よいエッジがたまらない『バレンシアガ』。j.ボーイズアイテムの『ドクターマーチン』は女性らしく履けるようにヒールをセレクト。k.パーティーに活躍する『CAMILLA SKOVGAARD』。l.『トミーガール×ティンバーランド』のブーティ。m.服を選ばず何でも合うのが嬉しい『H&M』。n.夏に大活躍する『Daniela Polo』のウェッジサンダル。o.『クリスチャンルブタン』はエッジが効いても上品にまとまるのが素敵♡ p.カジュアルスタイルと相性のいい『Sous Pied』。

Miho♥

T-shirt

"長年、愛し続けている
私の鉄板アイテム♡"

a.エッジの効いた着こなしが楽しめる『EVIL TWIN』のデザインTは大好き。デニム／Acne 靴／H&M 帽子／CA4LA（¥8925）

b.デイリーユースなプリントTに出会える『H&M』。c.『G.V.G.V.』のカレッジT。d.ワンピ感覚でも着られる『EVIL TWIN』。e.背中のあきがキュートな『AMIW』♡ f.『aude.』は生地といい、ラインといい、Vのあき具合といい……かなり理想的。g.Tシャツはゆるっと着られるものが好み。女性らしく着たいので襟ぐりのあきが大きいものを選ぶよ。これは『Banner Barrett』。

Bag

"バッグは大きめが好み。その日のスタイルに合わせて楽しんでいます"

a.真っ赤な『バレンシアガ』はシンプルCDのアクセントに。b.何でも入っちゃう『イヴ・サンローラン』。トップス／sacai luck ミニスカート／Lee×Cher

e.『シャネル』のマトラッセは、あえてカジュアルスタイルにプラス。d.『PROENZA SCHOULER』のショルダーは、今一番のお気に入り♪ e.『SOLPRESA』のボストンは、レオパード柄に惹かれて『BEAMS』で購入♡

Accessory

"アクセはお気に入りのものを
外さずにつけ続ける派です♡"

▶寝る時もつけているお気に入りがこの3点。a&c.『Art of Inspiration』のブレスとリング。b.『e.m.』のピンキー。d.メキシコで買ったネックレスは重ねづけに。

Tシャツ／jouetie（¥4935）

Chapter 01 Fashion   33

Private STYLE 100 days

美保の私服100days

プライベートでは、シンプル＆モノトーンでまとめるのが美保の定番。春夏秋冬、100日分の着こなしを総まとめ！
※すべて私物のため、販売が終了しているものがあります。ご了承ください。

> Let's Start!

001: トップス／k3 OFFICE（¥15750） スカート／Cher（FRUIT CAKE） 靴／ジャーナル スタンダード レサージュ 銀座店（¥11550） ブレスレット／JACK OF ALL TRADES（¥22050）

> Is she coming yet?

002: トップス／bernhard willhelm デニム／Lee×Cher
003: ワンピース／ジャーナル スタンダード 渋谷店（¥26040） 靴／jouetie（¥9450） ベルト／DRWCYS（¥7875） メガネ／k3（G.V.G.V.）

34 Miho♥

004: オーバーオール／GAP　Tシャツ／McQ　靴／イヴ・サンローラン　バッグ／collection PRIVÉE
005: シャツ／UNSQUEAKY（¥30450）　靴／scartissue（¥15750）　帽子／CA4LA（¥6510）　バッグ／PROENZA SCHOULER
006: Tシャツ／クルーン ア ソング 銀座マロニエゲート（¥14700）　デニム／Lee×tee-hee　靴／モード・エ・ジャコモ（カリーノ ¥24150）　バッグ／PROENZA SCHOULER
007: ニット／the rollers for student Banner Barrett　デニム／Lee×Cher　靴／アレキサンダー・ワン　バッグ／scartissue（¥8400）
008: ワンピース／H&M　パーカ／Laugh Cry Repeat by AZFN　靴／CAMILLA SKOVGAARD

009: ワンピース／k3 OFFICE (G.V.G.V.　¥33600)　パーカ／Laugh Cry Repeat by AZFN
010: オールインワン／クルーン ア ソング　カーディガン／ロンハーマン　靴／セレクトショップ
011: ブルゾン／クルーン ア ソング 銀座マロニエゲート（フラミューム ¥30450）　Tシャツ／aude.　デニム／CURRENT/ELLIOTT
012: カーディガン／k3　Tシャツ／HELMUT LANG　スカート／アレキサンダー・ワン　靴／セレクトショップ
013: オールインワン／Cher (Bianca's closet ¥18375)　パーカ／amyris（¥14490）　靴／jouetie（¥9450）

014: ワンピース／DOROA　カーディガン／ロンハーマン　靴／クリスチャンルブタン
015: パーカ／ドレステリア　Tシャツ／deicy 代官山（deicy beach ¥4725）　デニム／One Teaspoon
016: Tシャツ／amyris（¥11550）　パンツ／Heather（¥4410）　靴／Daniela Polo　バッグ／シャネル
017: Tシャツ／the rollers for student Banner Barrett　チェックシャツ／L'APPARTEMENT deuxième classe　スカート／deicy 代官山（¥18900）　靴／scartissue（¥15750）　バッグ／ジュエルナローズ 原宿店（¥16800）
018: Tシャツ／ZOE tee's　デニム／Lee×tee-hee　靴／UGG　ネックレス／メキシコで購入

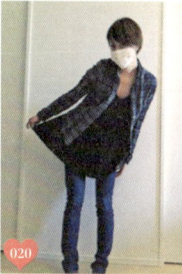

019: Tシャツ／EVIL TWIN　デニム／k3 OFFICE (CHEAP MONDAY ¥8400)　靴／クリスチャンルブタン　バッグ／バレンシアガ　ネックレス／DRWCYS（¥3675）
020: チェックシャツ／L'APPARTEMENT deuxième classe　カットソー／k3 (G.V.G.V.)　デニム／FREE'S SHOP
021: パーカ／ロンハーマン　Tシャツ／STANDARD JAMES PERSE　パンツ／セレクトショップ　バッグ／LORINZA
022: カットソー・メガネ／k3 (G.V.G.V.)　デニム／Lee×tee-hee　バッグ／LORINZA
023: オールインワン／X-girl　靴／シャネル　バッグ／LORINZA

Chapter 01 Fashion　35

024: パーカ／友達からのもらいもの　Tシャツ／STANDARD JAMES PERSE　デニム／Lee×Cher　レギンス／H&M　靴／Daniela Polo
025: パーカ／RITA JEANS TOKYO　タンクトップ／12 by Nina mew(Nina mew　¥4725)　スカート／Cher(FRUIT CAKE)　靴／jöuetie(¥9450)　バッグ／deicy 代官山(¥1890…
026: パーカ／友達からのもらいもの　Tシャツ／LaFine　デニム／Lee×Cher
027: シャツ／H&M　デニム／Lee×Cher　レギンス／H&M　靴／Daniela Polo

028: カーディガン／ロンハーマン　タンクトップ／FOREVER21　スカート／アメリカンラグ シー　靴／クリスチャンルブタン
029: Tシャツ／jöuetie(¥5775)　レギンス／Heather(¥4410)　靴／CAMILLA SKOVGAARD
030: シャツ(¥16800)・ピアス(¥13650)／JACK OF ALL TRADES　デニム／jöuetie(¥8925)　バングル／k3 OFFICE(¥12600・¥8400)　ネックレス／northcorner(¥4095)
031: Tシャツ／jöuetie(¥4935)　スカート／JACK OF ALL TRADES(One Teaspoon　¥9450)　靴／ジャーナル スタンダード 渋谷店(キャンデラ ¥37800)

032: ワンピース・靴／H&M　バッグ／シャネル
033: ワンピース／UNSQUEAKY(¥25200)　靴／ドクターマーチン　バングル／PARK by k3(LOW LUV　¥7350)
034: ワンピース／クルーン ア ソング　靴／イヴ・サンローラン
035: Tシャツ／AMIW　オーバーオール／UNSQUEAKY(¥35700)　靴／Sous Pied　バッグ／BULSARA(Banner Barrett ¥15750)

36 Miho♥

036: Tシャツ／AMIW　パンツ／クルーン ア ソング 銀座マロニエゲート（¥10500）　バッグ／ジャーナル スタンダード レサージュ 銀座店（¥39900）　サングラス／BULSARA（¥4200）
037: オールインワン／amyris（¥21000）　靴／クルーン ア ソング 銀座マロニエゲート（¥33600）　帽子／CA4LA（¥8925）　バッグ／SOLPRESA　ネックレス／メキシコで購入
038: トップス／クルーン ア ソング 銀座マロニエゲート（¥11550）　キャミソール／LagunaMoon（¥1890）　パンツ／Banner Barrett　バッグ／バレンシアガ
039: オールインワン／クルーン ア ソング 銀座マロニエゲート（ドレスギャラリー ¥44100）　靴／クリスチャンルブタン　バッグ／シャネル

040: Tシャツ／Banner Barrett　タンクトップ／FOREVER21　デニム／GRIFONI DENIM　靴／イヴ・サンローラン
041: ワンピース／ジャーナル スタンダード レサージュ 銀座店（バイ マリー ¥30450）　靴／クリスチャンルブタン　バッグ／シャネル
042: ワンピース／Laugh Cry Repeat by AZFN　レギンス／k3 OFFICE（¥14700）　靴／バレンシアガ　帽子／Cher Shore（¥5460）　バッグ／PROENZA SCHOULER
043: ワンピース／H&M　靴／BULSARA（Sous Pied ¥25200）　ベルト／Cher Shore（OLD STUD ¥27825）

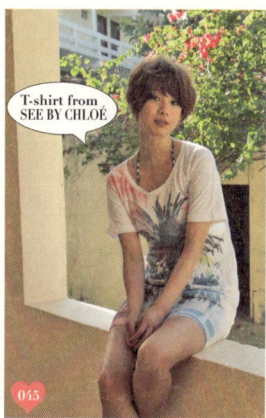

044: オーバーオール／GAP　ビキニ／新島で購入　靴／Daniela Polo　ネックレス／メキシコで購入
045: ワンピース／SEE BY CHLOÉ　ビキニ／フリ ド メール
046: ジャケット／Cher（Bianca's closet）　Tシャツ／JACK OF ALL TRADES（ADIEU ¥12600）　デニム／Lee×tee-hee　バッグ／バレンシアガ　サングラス／k3 OFFICE（¥2625）
047: オールインワン／deicy 代官山（¥15750）　Tシャツ／JACK OF ALL TRADES（¥11550）　靴／クルーン ア ソング 銀座マロニエゲート（¥33600）　帽子／Cher Shore（¥5460）

Chapter 01 Fashion

KISS!

049

049: シャツ／UNSQUEAKY（¥30450) パンツ／J BRAND 靴／クリスチャンルブタン バングル／JACK OF ALL TRADES（¥22050）

At the Studio

052

052: オーバーオール／GAP カーディガン／ロンハーマン 靴／UGG ネックレス／メキシコで購入

048

048: ワンピ／ビューティ＆ユース ユナイテッドアローズ シャツ／L'APPARTEMENT deuxième classe 靴／ジャーナル スタンダード 渋谷店（¥37800) ネックレス／12 by Nina mew（¥9450）

050

050: ジャケット／k3（G.V.G.V.) シャツ／Acne ブーツ／ジバンシィ ネックレス／セレクトショップ

051

051: ワンピース／Banner Barrett 靴／jouetie（¥9450) メガネ／k3（G.V.G.V.）

Say Cheese!

053

053: ワンピース／セレクトショップ 靴／イヴ・サンローラン ストール／ラブレス

054

054: キャミソール／ジャーナル スタンダード 渋谷店（マーク ルビィ ¥39900) オーバーオール／LORYS FARM（¥6930) 靴／H&M

Off to work

055

055: トップス／アレキサンダー・ワン 靴／OPENING CEREMONY バッグ／SEE BY CHLOÉ

058

058: カットソー／ZOE tee's デニム／FREE'S SHOP 靴／H&M バッグ／イヴ・サンローラン

061

061: パーカ／Laugh Cry Repeat by AZFN 黒タンクトップ／VIA BUS STOP 白タンクトップ／wren 靴／UGG

I ♥ Black!

056

056: ワンピース／ロンハーマン 靴／H&M メガネ／k3（G.V.G.V.）

057

057: ワンピ／ロンハーマン パーカ／amyris（¥14490) 靴／BULSARA（¥25000) バッグ／ジュエルナローズ 原宿店（¥16800) ネックレス／DRWCYS（¥1890) バングル／PARK by k3（¥14700）

My boarding style

059

059: パーカ／H&M タンクトップ／FOREVER21 スカート／アメリカンラグ シー 靴／UGG バッグ／LORINZA ネックレス／メキシコで購入

060

060: オールインワン／CURRENT/ELLIOTT＋MARNI 靴／scartissue（¥15750）

062

062: パーカ／アディダス ワンピース／アメリカンラグ シー パンツ／HEATHEN by MIDWEST スニーカー／ビューティ＆ユース ユナイテッドアローズ

38 Miho ♥

063: トップス／DRWCYS（¥13650）デニム／CURRENT/ELLIOTT 靴／ドクターマーチン バッグ／deicy 代官山（¥18900）

064: カットソー／sacai luck デニム／GRIFONI DENIM 靴／H&M バッグ／ジャーナル スタンダード

065: トップス／FREE'S SHOP デニム／GRIFONI DENIM 靴／アレキサンダー・ワン 帽子／ナノ・ユニバース 東京（¥6825) バッグ／scartissue（¥8400) ネックレス／12 by Nina mew（¥8400）

066: コート／archi 靴／nai chi chi

067: ワンピース／L'APPARTEMENT deuxième classe

068: トップス／アレキサンダー・ワン スカート／JACK OF ALL TRADES（¥17850) 靴／amyris（¥32340) バッグ／SOLPRESA

069: ニット／ナノ・ユニバース 東京 ワンピース／アメリカンラグ シー スニーカー／ビームス タイム リュック／ビームス ボーイ

070: ワンピース／BLACK CRANE タンクトップ／k3(G.V.G.V.) 靴／OPENING CEREMONY バッグ／シャネル パーカ／ロンハーマン

071: カットソー／BULSARA (Banner Barett ¥11550) スカート／AMIW 靴／Sous Pied ／ASH（¥24150）ネックレス／FABULOUS CLOSET（¥6300）

072: ワンピ／L'APPARTEMENT deuxième classe デニム／Lee×tee-hee／OPENING CEREMONY マフラー／VIA BUS STOP

073: ジャケット／クルーン ア ソング タンクトップ／FOREVER 21 デニム／GRIFONI DENIM 靴／クリスチャンルブタン

074: ワンピース（¥22050）・ピアス（¥22050）／JACK OF ALL TRADES シャツ／amyris（¥15540) 靴／モード・エ・ジャコモ（カリーノ ¥24150) バッグ／SOLPRESA

075: ニット／ナノ・ユニバース 東京 タンクトップ／H&M レギンス／TOPSHOP ブーツ／ビームス タイム バッグ／ビューティ&ユース ユナイテッドアローズ

076: ジャケット／Rick Owens Tシャツ／k3(G.V.G.V.) デニム／Lee×tee-hee 靴／OPENING CEREMONY バッグ／イヴ・サンローラン

077: シャツ／Acne カーディガン／k3(G.V.G.V.) パンツ／Lee×Cher 靴／deicy 代官山(deicy ¥30450) バッグ／SOLPRESA

Chapter 01 Fashion

078: ジャケット／OPENING CEREMONY　パーカ／アディダス　ショーパン／Ciaopanic　イヤマフ／ビューティ&ユース　ユナイテッドアローズ
079: パーカ／ドレステリア　オーバーオール／RNA　靴／UGG　バッグ／L.L.Bean　マフラー／GREED
080: ダウン／アメリカンラグ シー　パーカ／アディダス　デニム／Lee×tee-hee　レッグウォーマー／Ciaopanic　ブーツ／mystic
081: ジャケット／Rick Owens　パーカ／友達からのもらいもの　スカート／DOROA　バッグ／イヴ・サンローラン　マフラー／VIA BUS STOP
082: ダウン・ワンピース／アメリカンラグ シー　バッグ／Ciaopanic　靴／mystic

083: ジャケット／OPENING CEREMONY　ニット／ナノ・ユニバース 東京　ショーパン／Ciaopanic　ブーツ／mystic　帽子／ビューティ&ユース　ユナイテッドアローズ
084: パーカ／アディダス　デニム／Lee×tee-hee　パンツ／HEATHEN by MIDWEST　ブーツ／ビームス タイム　マフラー／ビームス ボーイ　メガネ／k3(G.V.G.V.)
085: ジャケット／OPENING CEREMONY　ワンピース／アメリカンラグ シー　ブーツ／ドクターマーチン　レギンス／ディスカバー レッグ スタイル ショールーム
086: ジャケット／k3(G.V.G.V.)　ワンピース／heu　靴／バレンシアガ　ストール／ラブレス
087: ニット／ナノ・ユニバース 東京　デニム／denimocracy　靴／ナノ・ユニバース 東京　バッグ／Chloë Sevigny for OPENING CEREMONY

088: ダウン／アメリカンラグ シー　Tシャツ／ビームス タイム　デニム／denimocracy　ストール／Banner Barrett　靴／ドクターマーチン
089: ジャケット／L'APPARTEMENT deuxième classe　シャツ／Acne　靴／OPENING CEREMONY　バッグ／イヴ・サンローラン　マフラー／VIA BUS STOP
090: コート／ラブレス　デニム／FREE'S SHOP　靴／UGG　バッグ／ジャーナル スタンダード　メガネ／k3(G.V.G.V.)
091: ダウン／アメリカンラグ シー　Tシャツ／ビームス タイム　ワンピース／Ciaopanic　パンツ／HEATHEN by MIDWEST　靴／ナノ・ユニバース 東京
092: ジャケット／Rick Owens　ワンピース／H&M　靴／バッグ／LORINZA　マフラー／VIA BUS STOP　メガネ／k3(G.V.G.V)

093: ニット／セレクトショップ　デニム／Lee×tee-hee　靴／OPENING CEREMONY　バッグ／LORINZA　マフラー／VIA BUS STOP　メガネ／k3(G.V.G.V.)
094: パーカ／友達からのもらいもの　ワンピース／HOLLYWOOD RANCH MARKET
095: ダウン／sacai×MONCLER　靴／UGG　バッグ／イヴ・サンローラン
096: ワンピース／L'APPARTEMENT deuxième classe　靴／OPENING CEREMONY　バッグ／シャネル　マフラー／VIA BUS STOP
097: パーカ／H&M　Tシャツ／Banner Barrett　デニム／Lee×tee-hee　靴／UGG　バッグ／LORINZA

Miho

098: パーカ/アディダス　Tシャツ/ビームス タイム　タンクトップ/H&M　パンツ/HEATHEN by MIDWEST　ブーツ/UGG
099: ニット/ナノ・ユニバース 東京　デニム/Lee×tee-hee　水玉タイツ/靴下屋　ストール/Banner Barrett　靴/ビームス タイム　バッグ/アメリカンラグ シー

100: ジャケット/OPENING CEREMONY　Tシャツ/ビームス タイム　デニム/Lee×tee-hee　パンツ/HEATHEN by MIDWEST　帽子/ビームス ボーイ　マフラー/アメリカンラグ シー

Chapter 01 Fashion　41

Miho ♥

Chapter 02
Beauty

何色にも染まれるモデルであるために
こだわりのメイク＆コスメ

Natural Face

素顔

モデルの仕事は"素材に徹する"こと。
「素顔でも大丈夫」という自信があれば
どんなメイクでも最高の笑顔で
カメラの前に立つことができる。
そのためにも、デイリーなスキンケアにはこだわりアリ。
肌を万全な状態に保つのもまたプロのモデルの仕事。

Miho♥

Make up face
メイク後

普段から濃いメイクの顔に慣れてしまうと、
ナチュラルメイクでカメラの前に立ったときに
「スッピンを見られて恥ずかしい」という気持ちになってしまう。
だから、私のセルフメイクはかなりナチュラル。
"肌を休める"という目的もあるけれど、
スッピンに近い顔で毎日を過ごすことで
何色にも染まれる"心構え"も養われるんです。

Chapter 02 Beauty

How to MAKE UP

セルフメイク実況中継

"スッピンに近いナチュラル"がこだわりのデイリーメイク

メイクポーチは『トリー バーチ』を愛用。ゆとりある大きめサイズを選ぶのが田中流。

Base

a. プードゥル フィニッション パルフェット30 ￥5775（セット価格）／ソニア リキエル b. オーバー・ザ・レインボー プープー・クリーム／COCOMA（美保私物） c. スーパーベーシック コンシーラー パクト01 ￥5775／RMK Division

Start!

1 下地クリームを顔全体に軽く塗る

ノンケミカルでオーガニック。肌に優しくほんのり色づく日焼け止めクリームは、下地というよりもBBクリーム感覚で愛用中。

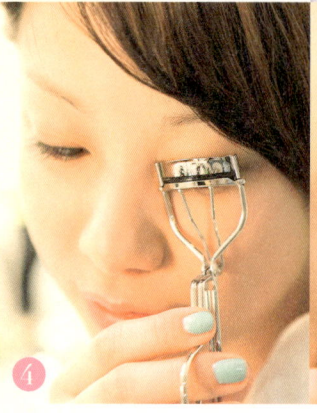

4 目指すのは、ナチュラルなカール！

ビューラーもまた"自然なカール"にこだわります。根元は弱め→毛先に向かって力を入れる感じで。バッチリ上がりすぎないように注意してる。

5 アイライナーでまつ毛の隙間を埋める

『アユーラ』のライナーで、上まぶたと目尻のまつ毛の隙間を埋めるようにラインを引きます。後でシャドウでぼかすので、結構テキトー（笑）。

6 ブラウンのアイカラーでなじませる

『RMK』のアイカラーは⑤のラインの上に重ねて使ってるよ。そうすることで、ラインの印象が柔らかくなってナチュラルな目元に仕上がるの。

9 チークは2色使いで自然な血色を演出

チークは『ジバンシイ』の24番と25番をブラシで混ぜて使ってる。健康的に仕上がる色味はもちろん、シアーな肌感を引き出す超微粒子も魅力。

10 頬の高いところに軽くブラシをのせる

手の甲でブラシについた余分な粉を軽く落とした後は、頬の一番高い場所を中心にポンポンとのせるだけ♡ ほんのり、色味を感じさせる程度でOK！

Lip

a. イドゥラマックスプラス アクティブ リップ ￥4410 b. ルージュ アリュール グロス #52 ジェニー ￥4095／シャネル

Miho♥

②
コンシーラーで目元&小鼻をカバー
コンシーラーは目の下と小鼻にだけ使用。あとは、たま～にできる吹き出もの隠しに使うくらい。指でトントンと叩くように肌になじませます。

③
ファンデーションはTゾーン&頬のみ
薄づきだけどカバー力のある『ソニア』のファンデーションは、顔全体でなく、Tゾーンと頬をおさえるようにのせるだけ。素肌感を残すのがこだわり。

Eye

a. No.70アイラッシュカーラー￥525／コージー本舗 b. インジーニアス パウダーアイズ BR-02 ￥3675／RMK Division c. ラッシュ クイーン フェリン ブラック WP 01 ￥4410／ヘレナ ルビンスタイン d. アイスケッチ ペンシル 01／アユーラ ラボラトリーズ（美保私物 現在生産中止）

⑦
セパレートタイプのマスカラを愛用♡
まつ毛が1本1本キレイに仕上がるのが『ヘレナ』のマスカラの魅力。上まつ毛と下まつ毛、どちらから攻めるのかは……その日の気分で(笑)。

⑧
マスカラは「一度塗り」が基本
ボリュームを出したいときは、マスカラを替えて、資生堂の『S&Co. マスカラ グラマー インパクト』を使ってます。

Cheek

a. ル・プリズム・ブラッシュ #25 b. ル・プリズム・ブラッシュ #24 各￥6090／パルファム ジバンシイ

⑪
いつでもリップバームは欠かせない!
『シャネル』のリップバームはデイリーユースもしているし、グロスの下地としても愛用中。カジュアルな日はリップバームだけで仕上げることも。

⑫
ベージュ系のグロスでツヤ感を
グロスはその日の気分で選んでる。出番が多いのがこの『シャネル』の52番。私の肌色に合うし、ぽってりとした唇を演出してくれるの♡

⑬ Done!
所要時間5分! 美保メイクが完成
撮影でメイクをするから、普段は肌を休める意味でもナチュラルを意識。スッピンに近いぶん化粧崩れ知らず。メイク直しはほとんどしないの(笑)

Chapter 02 Beauty

Cheer up with PARTY FACE

ドレスアップしたい時はこんなメイク

つけまつ毛とアイラインで作る、タレ目風メイク。too muchにならないよう、目尻だけを強調するのがポイント。

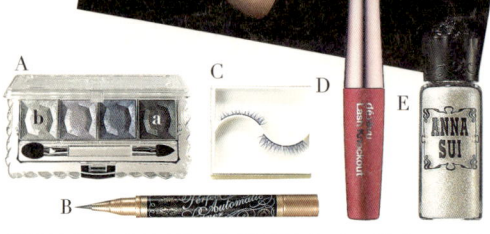

Eye

黒オンリーも怖くない、タレ目風のキラ目！

A 月明かりに包まれた夜空のような、深い輝きのアイパレット。イルミナンス アイズ08 ¥5250／ジルスチュアート ビューティ　B ツヤ黒ライナー。マジョリカ マジョルカ パーフェクトオートマティックライナー BK999 ¥1260／資生堂　C 黒だと重い印象になるので、ハーフタイプのブルーを選択。アイラッシュ07 ¥1575／RMK Division　D まつ毛をボリュームアップ。デジャヴュ ラッシュノックアウト ダイナマイトブラック ¥1575／イミュ　E 白のホログラムラメ。カラーパウダー006 ¥2100／アナ スイ コスメティックス

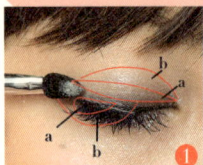

1 パレットのグレーaを二重幅と下まぶた目尻側に入れ、上からシルバーbを幅広く重ねる。

2 目頭を少しあけ、上まぶた全体と下まぶた目尻側1/3に、Bで"く"の字"にインラインを引く。

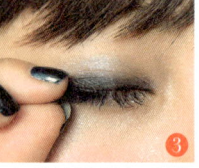

3 Cのつけまを2枚重ねしてそれぞれの目尻側に接着。②と同範囲に黒ライナーBでアウトラインを。

4 Eのラメを綿棒で黒目の下のみに。最後に、つけま以外の部分にDのマスカラを塗って完成。

Cheek

馴染みのいいコーラル系で自然な立体感を。

カラーレス風コーラルチークを、横長に幅広く入れて。ピュアミネラルチーク04 ¥1575／メイベリン ニューヨーク

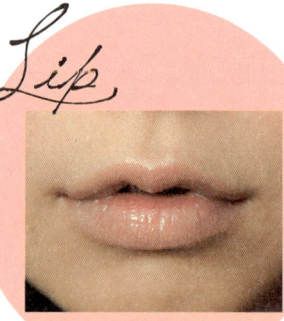

Lip

ヌーディーなリップで、ツヤ感をプラス。

目元が主張しているから、チークとリップはあえて存在感を消して。リップシーングロス #01 ¥1575／レブロン

48　Miho♥

Here we go ♡

Chapter 02 Beauty   49

Chronicle of MIHO SHORT

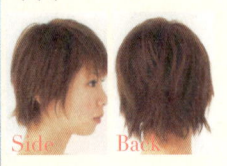

大人気！「美保ショート」の変遷

2001 ◀◀◀
Side　Back

外国人風なSWEETショート
トップを長く残し前髪を厚めに作った、ショートでも女のコらしいスタイル。明るめのアッシュ系カラーと、無造作に動く柔らかな毛先の動きが、外国人の女のコ風。

2002 ◀◀◀
Side　Back

カッコ可愛さにオーダー殺到
シャープなストレート感、ふわっとした無造作な動き両方がミックスされたカッコ可愛いショート。このキリヌキを持ったお客さんが、サロンに殺到したという伝説も！

2005 ▶▶▶
Side　Back

長め襟あしでちょっぴりcool
今まで、襟あしのすっきり感が特徴だった美保ショート。'05は、襟あし長めでクールに変身。前髪の先端からあごまでの距離が均等な黄金シルエットがポイント。

2006 ▶▶▶
Side　Back

ちょい重めの前髪が新鮮！
襟あし部分をカット。サイドの髪を長く残しているので、おしゃれ度がアップ。重め前髪がナチュラルで甘めなので、好感度もしっかりキープ。もちろん小顔効果も。

2008 ◀◀◀
Side　Back

トップ高めでcoolフェミニン
トップも襟あしも短いボーイッシュな髪型が、逆に女らしさを引き立てるクールスタイル。カラーはオリーブで、毛先に行くほど暗くなる隠しテクのこだわりも。

2009 ◀◀◀
Side　Back

重めカットで甘い表情に
トップがかなり伸びて、Aラインシルエットに。フルバングスと、重めボブ風カットがガーリーな印象。フルにも、斜めにもアレンジ可能な前髪は、目力アップ効果も。

Miho♥

美保と言えば、ショートヘアがトレードマーク。少しずつ進化している「美保ショート」を、11年間分全部見せ。あなたは、どれがお気に入り？

Miho's Salon 『MARIS FLAG』
☎03(6415)7880
4年前から、野口尊さん(写真右)が担当。「美保ちゃんの髪型は、ショートなのにアレンジが利くところがポイント。テーマは外国人の子供です」

2003 ◀◀◀
Side / Back

マッシュ風で小顔パワー炸裂
小顔に見える、頭も小さく見える、スタイリング簡単、アレンジもできるといいことばかりのオールマイティヘア。軽めの毛先と、明るいピンクアッシュが夏らしさ満点。

2004 ◀◀◀
Side / Back

読者の「なりたい」全部入り！
前髪の長い大人ボブから切ったこのスタイルは、お気に入りでしばらくキープしたほど。小顔、女モテ、男モテ、服に似合うという読者の要望すべてに答えたショート。

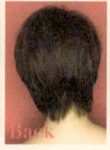

2007 ▶▶▶
Side / Back

束感がプラスされこなれ感up
髪全体に束感ができ、毛先がラフに動くことによって、こなれ感が。カラーを、いつもより落ち着いたナチュラルブラウンにした効果もあり、少しお姉さんな表情に。

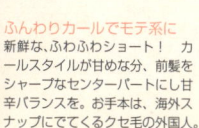

Miho

2010 ◀◀◀
Side / Back

ふんわりカールでモテ系に
新鮮な、ふわふわショート！　カールスタイルが甘めな分、前髪をシャープなセンターパートにし甘辛バランスを。お手本は、海外スナップにでてくるクセ毛の外国人。

2011 ▶▶▶
Side / Back

ふわ感キープなまま短めに
ふわふわ感はそのまま、美保らしい襟あしすっきりスタイルに。可愛いらしくも、大人顔ショートは、ブロー後、ワックスを毛先につけてもみ込むだけで超カンタン。

Chapter 02 Beauty　51

Miho's Favorite COSMETICS

美保の愛用コスメ

フェイスからボディまで……田中美保の"美肌"を支えている"お利口コスメ"を全紹介♡

Skin Care
…スキンケア編…

[クレンジング～洗顔]

私がスキンケアの中でも特にこだわるのが"洗顔"。メイクをしっかり落として肌を清潔に保つ。これこそが、美肌への一番の近道♡

1 RMK アイメイクアップリムーバー EX
アイメイクを落とすことから私の洗顔はスタート。コットンにたっぷり染み込ませて、目元を優しくオフします。

2 BIODERMA サンシビオ エイチツーオー D
敏感肌にも優しいクレンジングウォーター。これもコットンにたっぷりとふくませて使用。顔全体のメイクをオフ。

3 shu uemura クレンジングオイル プレミアム A/O アドバンスト
「まだ落とし足りない」と感じたときは、肌の負担が少ないのにしっかり落とすこのオイルを。長年、愛用してます。

4 アンブリオリス ウォッシュクリーム
さらにさっぱりしたい気分のときは、オイルの代わりにクリーム洗顔することも。たっぷり泡立てるのがポイント。

5 CAC エヴィデンス ホワイトパウダー ウォッシュ
肌に透明感が出る優秀洗顔!! ただ、ボウルに泡立てたり手間がかかるので時間があるとき限定。洗顔のラスト!!

6 アルビオン エクサージュ T ゾーン クリア クレンズ
小鼻の脇の黒ずみや、毛穴が気になったときの特別ケア。やりすぎないよう、月に2～3回の頻度でケアしています。

[保湿]
保湿も重要美肌キーワード。潤いは肌に輝きを与える!!

1 J&K ジンローション（プレミアム）
肌にじんわり染み込む優秀化粧水。サッパリ仕上げたいときは美容液ナシでコレ1本で済ませることも。

2 RICE FORCE ディープモイスチュア ローション
化粧水や美容液は肌のコンディションで使い分けてますが、これはいつでも安心して使える私の定番。

3 アンジェリーナ Q10 リニューアルナノセラム
友達が使っているのを借りたとき、肌がぷっくりする使用感に感動! オーストラリアからネットで購入。

4 DE LA MER クレーム ドゥ・ラ・メール
肌荒れ時も頼れるクリームは、肌が弱っているときに"お薬"感覚で使用。高価なだけに効果は絶大（笑）。

Miho♥

[パック]

肌の調子が悪いときのお助けケア。
半身浴をしながら、がお約束♡

1 純粋はちみつ
洗顔後、タオルオフした肌に蜂蜜(種類は何でもOK)をたっぷり塗り、マスクシートをのせて半身浴。モチモチ肌がよみがえる♡

2 Koh Gen Do ブライトニング モイスチャー マスク
ミネラルを豊富に含むモロッコの溶岩クレイパック。老廃物を落としながら、肌もケアしてくれる優れもの。透明感がアップするの。

3 ETUDE HOUSE (韓国) ESSENCE MASK Collagen
韓国のお土産にもらったのをきっかけにハマり愛用中。肌がしっとり&モチモチに潤うの。特に乾燥が気になる日に使っています。

[アイ&リップケア]

忘れちゃいけないパーツケア。
ベストな状態を目指します。

1 Vendela アイラッシュ エッセンス
天然成分を使った育毛効果のあるまつげ専用美容液。コレを使い始めてから、本当にまつげの調子がイイ。『MARIS BEAUTE』で購入。(¥5880)

2 花王 めぐりズム 蒸気でホットアイマスク
「映画やマンガを見てうっかり泣いてしまった」なんていう日の翌日は、ロケバスの中でコレを使用(笑)。目元の疲れがスッと取れて状態が回復。

3 ジルスチュアート フルーツ リップバーム N
デイリー使いは『シャネル イドラマックスプラス アクティブ リップ』なんだけど、ほんのりピンクに色付けしたいときはコレを使うの♡

[コットン]

肌に直接ふれるコットンにも、こだわりアリ。以下の2つを気分で使い分けてます。

1 イプサ コットン
"世界で一番優秀なコットン"と言われているの。お肌の調子がよくないときはコレを使ってます。

2 ジルスチュアート コットン
ピンクのビジュアルが可愛い。気分のアガるケアをしたい日に。ほっこり女の子気分になれる♡

[ポーチにイン]

持ち歩いている便利グッズ達を紹介。

1 鳳凰堂 オレノデ・バン クリーム
ニキビだけでなく、口内炎にも使える万能クリーム。どんな肌のトラブルもコレ一本で解決できるので便利。

2 CAC エヴィデンス ジェルローション
小分けになっているので衛生的。海外や地方のロケに行くときは、このシリーズを一式持っていきます。

3 花王 ソフィーナ ジェンヌ デイプロテクター
乳液&化粧下地としても使える日焼け止め。ノーメイクで出かけるときも、これだけはしっかり塗る。

4 ピアモント プラチナダイヤモンドローラー
顔用のローラーマッサージ器。撮影の待ち時間や家でTVを見ながら、時間のあるときにコロコロしてる。

Chapter 02 Beauty

Body Care
…ボディケア編…

[ボディソープ]
セレクトの基準は"香り"。バスタイムは好きな香りに包まれて心からリラックスしたい。

1 LOVE, クロエ シャワージェル
濃厚で贅沢な大人のフローラルがお風呂に広がる。オンナ度をアゲたい♡ そんな日に使うとテンションがあがる!!

2 TOCCA ボディウォッシュ ステラ
ブラッドオレンジがメインの、フルーティーな香り。緊張していた心と体が、ふわ〜っと柔らかくほぐれるの♡

3 ル・プチ・マルセイエ
フランスのスーパーで買えるボディソープ。いろんな香りがあるけれど、私はストロベリーとオレンジがお気に入り。

[ローション&クリーム]
ボディクリームを選ぶ基準もまた香り。好きな香りを身にまとうと心地よい眠りにつける。

1 SOC スキンローション ヒアルロン酸
全身に化粧水をつけた後でボディクリームを塗るのがお約束。毎日たっぷり使うので、プチプラの化粧水をセレクト。

2 エリザベスアーデン グリーン ティー ボディ ローション
ボディクリームはその日の気分で使い分けているけれど、なかでも、長年愛用しているお気に入りの香りがコレ。

3 DE LA MER ザ・ボディクレーム
乾燥が気になるときのスペシャルケア。調子が悪い時は、化粧水とボディクリームの後の仕上げとしてコレを使うの。

4 LOVE, クロエ ボディローション
ボディソープとセットで使うことが多いの。しっかり香りを身にまといたいときに、香水代わりに使うことも。

5 シャネル ボディエクセレンス ファーミングクリーム
洗練された上品な花の香りが魅力。肌をしっとり、なめらかに仕上げてくれるよ。引き締め効果があるのも魅力♡

6 TOCCA ボディローション ステラ
これもボディソープとセットで使用。アーモンドオイル、蜂蜜、シアバターが配合されているから保湿力も◎。

[ボディオイル]
TVを見ながら、ダラダラしながら……"ながら"マッサージのお供として活躍中。

1 WELEDA ホワイトバーチ ボディシェイプオイル
体の循環や血行の改善&セルライト退治効果アリ。むくみが気になるときは、コレを使ってマッサージします。

2 SABON ボディオイル
良い香りで、気分をやわらげながらマッサージしたいときはコレ。体だけでなく心もリラックス〜♡♡♡

54 Miho♥

[シャンプー&トリートメント]

撮影でヘア剤を使うことが多いだけに、サッパリ洗い上げてくれるものが好みなの。

1 資生堂 TSUBAKI ダメージケア シャンプー&トリートメント
赤TSUBAKIよりも白TSUBAKI派。髪の毛が細く量も少なめなので、しっとり系を使うと、髪がペシャッとしてしまうんだよね。

2 シュワルツコフ カラーケア シャンプー & トリートメント プラス
軽めに仕上がるのがお気に入り。コレと白TSUBAKIはデイリー使い。髪を洗う直前に、その日の気分に合わせて香りをセレクト。

3 Vendela シャンプー・トリートメントセット
キシキシするくらいのサッパリ感&サラッサラになる仕上がりがお気に入り。撮影のヘア剤が気になったときに使ってます。

[入浴剤]

その日の体調や気分で使い分けるお気に入り達♡

1 花王 マイクロバブ
疲れているときはやっぱりバブ。炭酸ガスは疲労回復だけじゃなくアンチエイジングにもいいらしい。特に『カモミール』と『桜』がお気に入り。

2 AYURA 瞑想風呂 メディテーションバスα
すでに4本目。リピート買いしている愛用の1本。とにかく香りが最高なの。半身浴を長く楽しむために、入浴剤選びは香りも重要なポイント!!

3 サルソマッジョーレ エモリエントバスソルト
地中海の約5倍もの塩分濃度なのが魅力。『汗をたくさんかきたい!!』そんな日はコレで半身浴。驚くくらいどんどん汗が噴き出してくるっ。

[ヘアケア&スタイリング剤]

デイリーケアとお出かけヘア用のお助け隊♡

1 ケラスターゼ NU ソワン オレオ リラックス
お風呂上がり、タオルドライした後にコレを髪になじませてドライヤーをかけてます。髪に潤いを与えてサラツヤに。

2 ARIMINO BSスタイリングワックス フィックス
実は私ヘアアレンジが苦手(笑)。ヘアの印象を変えたいときは硬めのワックスでクシャッとニュアンスヘアを作るの。

3 ウェーボ エアーワッフル
同じくヘアアレンジ代わりに活躍中。髪をふわっとさせたいとき、シュッとふきかけた後に手ぐしでボリュームup。

[ハンドクリーム]

乾燥が気になる季節の必須アイテム。塗るたびに"香り"も楽しんでいます。

1 ジルスチュアート フルーツ & ローズ ハンドクリーム
ローズの香りが心地よく漂う♡ 乙女心のツボをおさえたパッケージもお気に入り。カバンに入ってるだけで可愛い。

2 SABON ハンドクリーム
オーガニックで肌に優しいハンドクリーム。シアバターたっぷりで潤うのが嬉しい。ふんわり甘めの香りも好き。

3 TOCCA ハンドクリーム
「それ、どこの?」と聞かれる率が高いのがTOCCA。その日の気分で香りを選んで、バッグに忍ばせています。

Chapter 02 Beauty   55

My Original
DIET & EXERCISE

美保流ダイエット

モデルとして美ボディをキープするために心がけているコトとは？　試行錯誤の末に辿りついた秘訣を教えます♡

ストレスフリーなダイエットがベスト

私ね、10代の頃は<mark>ダイエットをしたことがなかった</mark>んですよ。学生時代は、部活もあれば体育の授業もあったし、学校まで自転車で通学していたから。太らなかったのはきっと、毎日のように体を動かしていたからなんだと思う。

それをずっと「私って太らない体質なんだ。ラッキー♡」と勘違いしていたのが人生最大のミスでした……パタリと運動しなくなり、そのうえ、20歳になってお酒を飲むようになると、私の体重はグングン増加(笑)。それまで太ったことがなかった私はそんな自分の変化にも気付けず、「ヤバいかも!?」と思ったときには体重計がかつて見たこともない数字を指していたのでした……。

そこからはもう<mark>試行錯誤の日々</mark>。まず、ダイエット経験がないだけに、何をしたらいいのかすらわからなくて……。「食べなければヤセるんでしょ？」と無理な食事制限や断食に挑戦したり、お鍋や野菜スープだけを食べ続けたり、大好きな炭水化物を抜いてみたり。「運動すればいいんでしょ？」とジムに通ってみたり。思いつくまま、手あたり次第に挑戦してはみたけれど……どれも長続きしなかった。ハードなダイエットは効果的だけど、結局は<mark>リバウンド</mark>してしまう。そこから生まれるのは"ヤセてはまた太る"という悪循環だけ。

長い間、その悪循環のドツボのなかで苦しんだ私が、最終的に辿りついたのが<mark>365日続けられるダイエット</mark>。ハードなダイエットはいつか息切れしてしまう。無理のないダイエットを生活習慣に取り入れて、気長に付き合っていこうと考えるようになったんです。それから、少し時間はかかったけれど、次第にベスト体重で安定するようになりました♡　だからといって、今でも気を抜かないように注意はしているよ。油断した瞬間、あっという間に太ってしまう……残念ながら、ダイエットの旅に終わりはないのです(笑)。

Body Care Salon List

プロの手を借りるなら

「やっちゃったな」というときは、無理せずプロの手を借りる!!　それもまた長く続けるための秘訣♡

oliveSPA三宿店
汗と一緒に老廃物をデトックス

マッサージの後に溶岩浴を利用。体の循環がよくなったところで、老廃物を汗と一緒に排出するのが田中流。

東京都世田谷区池尻3-28-5
クラールハイト三宿Ⅱ　1.2F
☎03(3795)6262
営12～翌5時　定休日　無し
http://www.olivespa.co.jp
溶岩浴60分／3360円、全身100分／16000円、フェイシャル30分／5400円

T-BODY
加圧でメリハリボディを目指す

最近、週1で加圧トレーニングに通いだしました。翌日はかなり筋肉痛だけど、体はスッキリ!!

東京都渋谷区恵比寿西1-9-7
創成ビル7F
☎03(5459)1739
営10～22時(平日)／～20時(休・祝日)
不定休　http://www.t-body.com
カーヴィ加圧コース80分／11550円
ストレッチ30分／4200円

Miho's 5 Main Points

美保の
ダイエット5カ条

Point 1 　歩く

日常に最も取り入れやすい運動といえばコレ。1〜2駅分は軽く歩くし、天気の良い日はお散歩することも♡

Point 2 　食べたいものは食べる

焼肉を食べた翌日はサラダにしたり、帳尻合わせでカロリーコントロール。ガマンはドカ食いを呼ぶので禁止!!

Point 3 　自炊

栄養やカロリーを意識しながら調理できる自炊もダイエットには◎。夕食だけ炭水化物を抜くようにしてる。

Point 4 　楽しみながら汗をかく

毎日の半身浴はもちろん、健康ランドのサウナで汗をかくことも(笑)。ドライブがてら温泉にもよく行くの。

Point 5 　睡眠をとる

適度な運動と正しい食事と睡眠。健康的な生活がダイエットへの一番の近道。睡眠中のカロリー燃焼は大切♡

Let's Try

ドクターDSメディカルスパ

最新技術でセルライトを退治

大切な撮影の前や、露出の多い服を着る撮影の前など「ここぞ!」というときに駆け込みます(笑)。

東京都渋谷区道玄坂2-10-12
新大宗ビル3号館10F
☎0120(542)886
⊙12〜21時(月〜土・祝) 11〜20時(日)
年中無休
http://www.ds-spa.jp/
キャビテーション5000円〜

タナカ カイロプラクティッククリニック

骨格矯正で骨から体質改善

骨盤や骨格の歪みもまた、太りやすい体質の原因に。ハードな撮影の後や体の歪みを感じたときに。

東京都渋谷区宇田川町12-3
ニュー渋谷コーポラス307
☎050-1086-4475
⊙10〜21時(要予約) 不定休
http://tanaka-chiro.jp/
首の凝り+骨盤矯正+小顔矯正 トータルで10000円

オリエンタルタッチ

ご褒美はエステサロン♡

頑張ってる自分にご褒美をあげたいときはエステにも行くよ。老廃物をリンパで流してスッキリボディに♡

東京都港区南青山4-3-23
オリエンタル南青山・2F
☎03(5770)3955
⊙11〜22時(平日)/〜20時(土日祝)
定休日 水曜日(祝日の場合営業)
http://www.oriental-touch.com/
毒素排泄スペシャルコース120分／20700円

Chapter 02 *Beauty*

Ven aquí
y vamos a nadar juntos!
Y tu sonrisa florecerá
como estas flores.

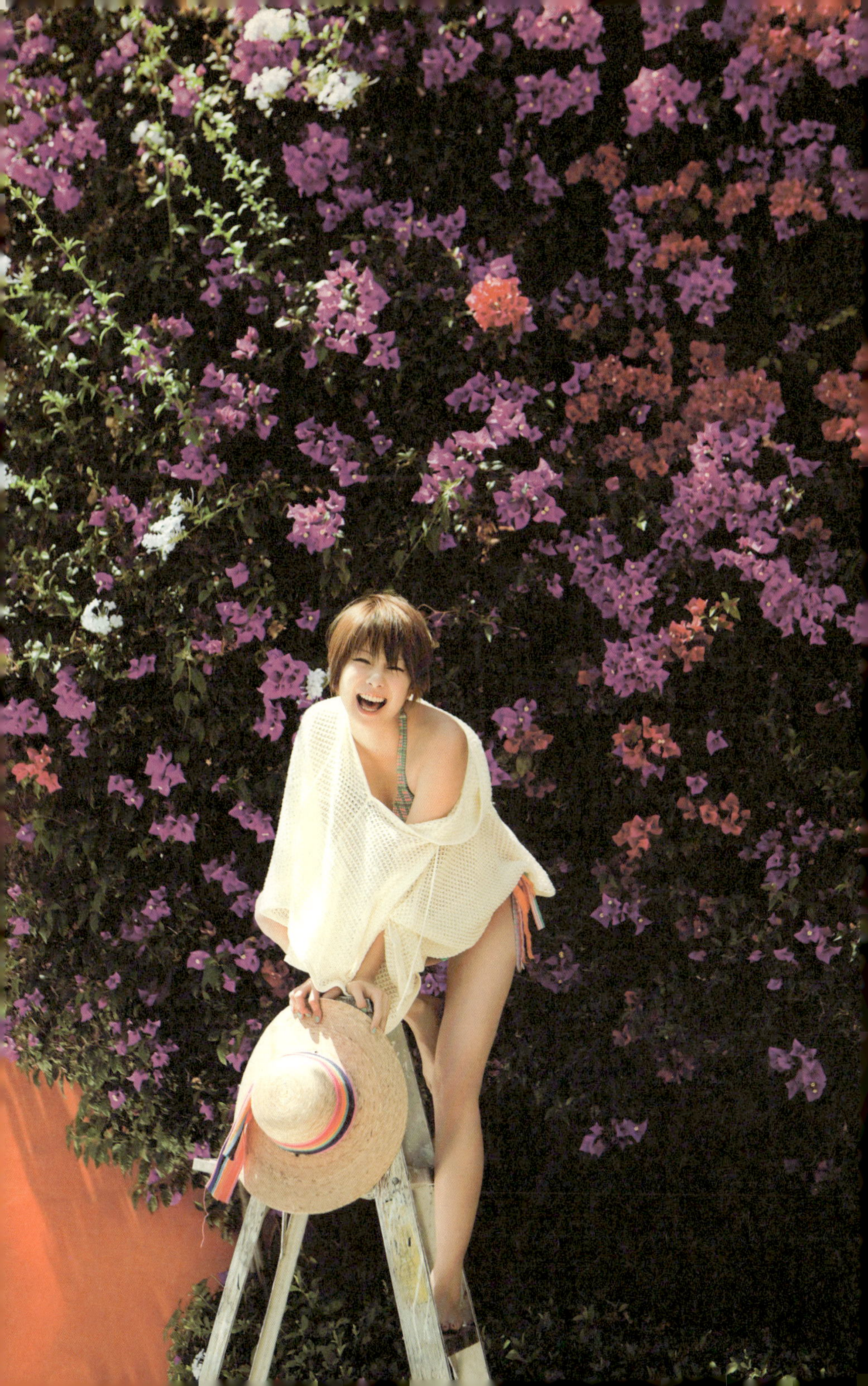

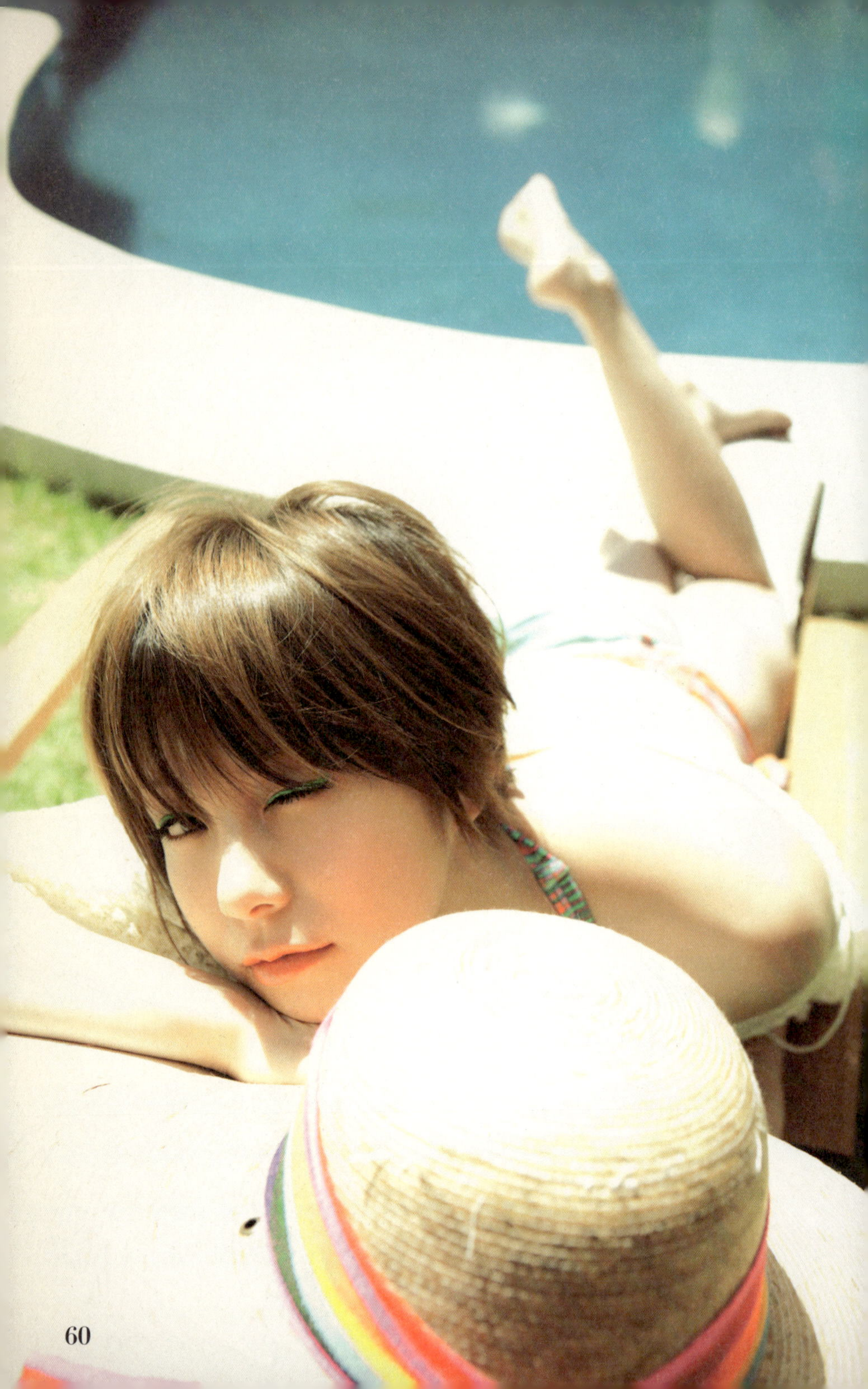

Estoy tomando el sol,
    el más grande regalo de la
Madre Naturaleza.

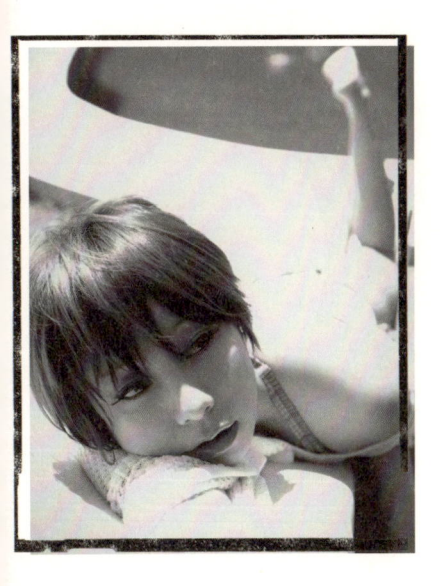

La fiesta ha terminado, y comien

siesta...

Buenas noches.

zzz....

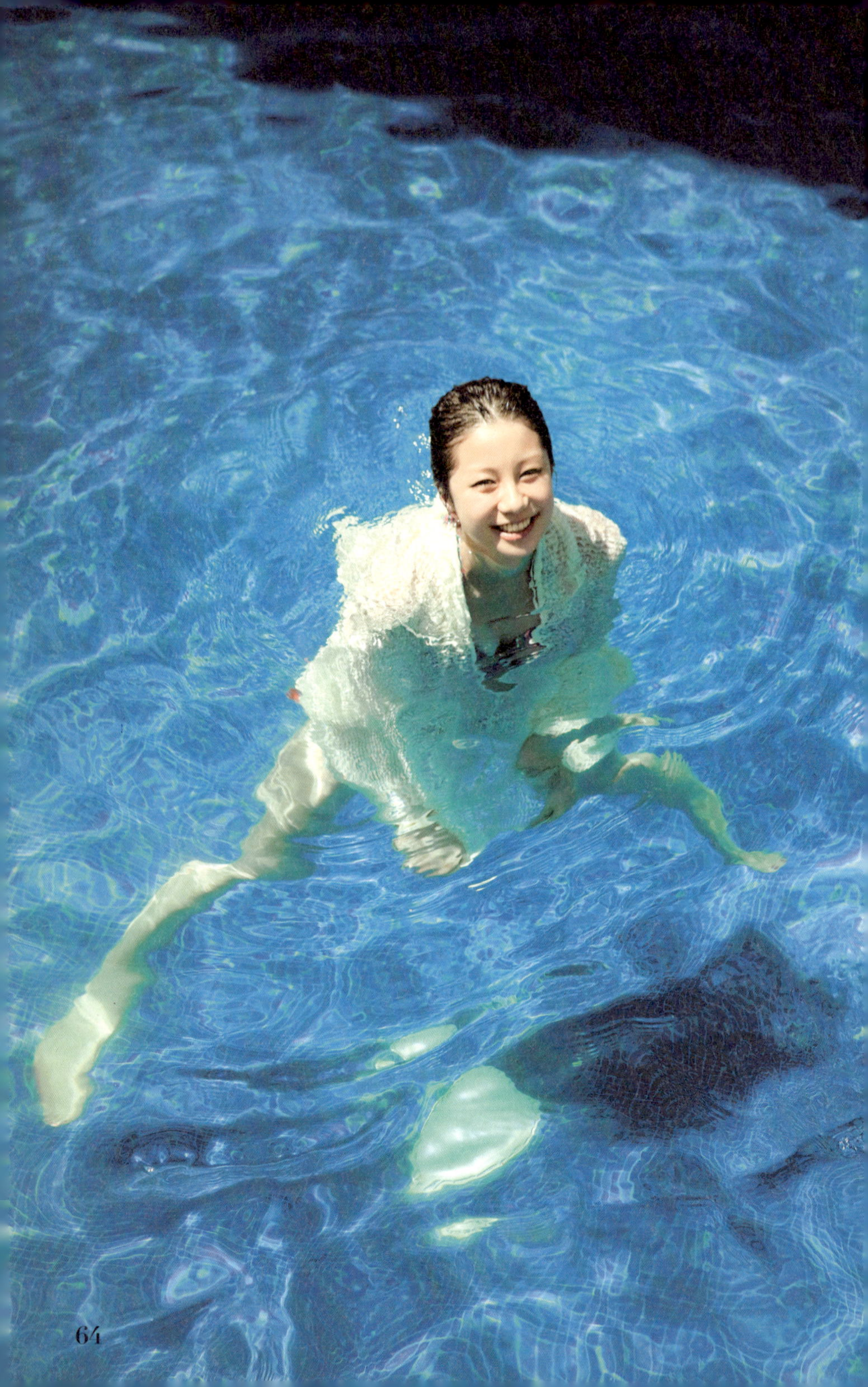

Mi piel se mezcla con agua clara,
y mis pies se mueven libres
como aletas.
Una pequeña sirena,
que pude haber sido en una vida anterior...

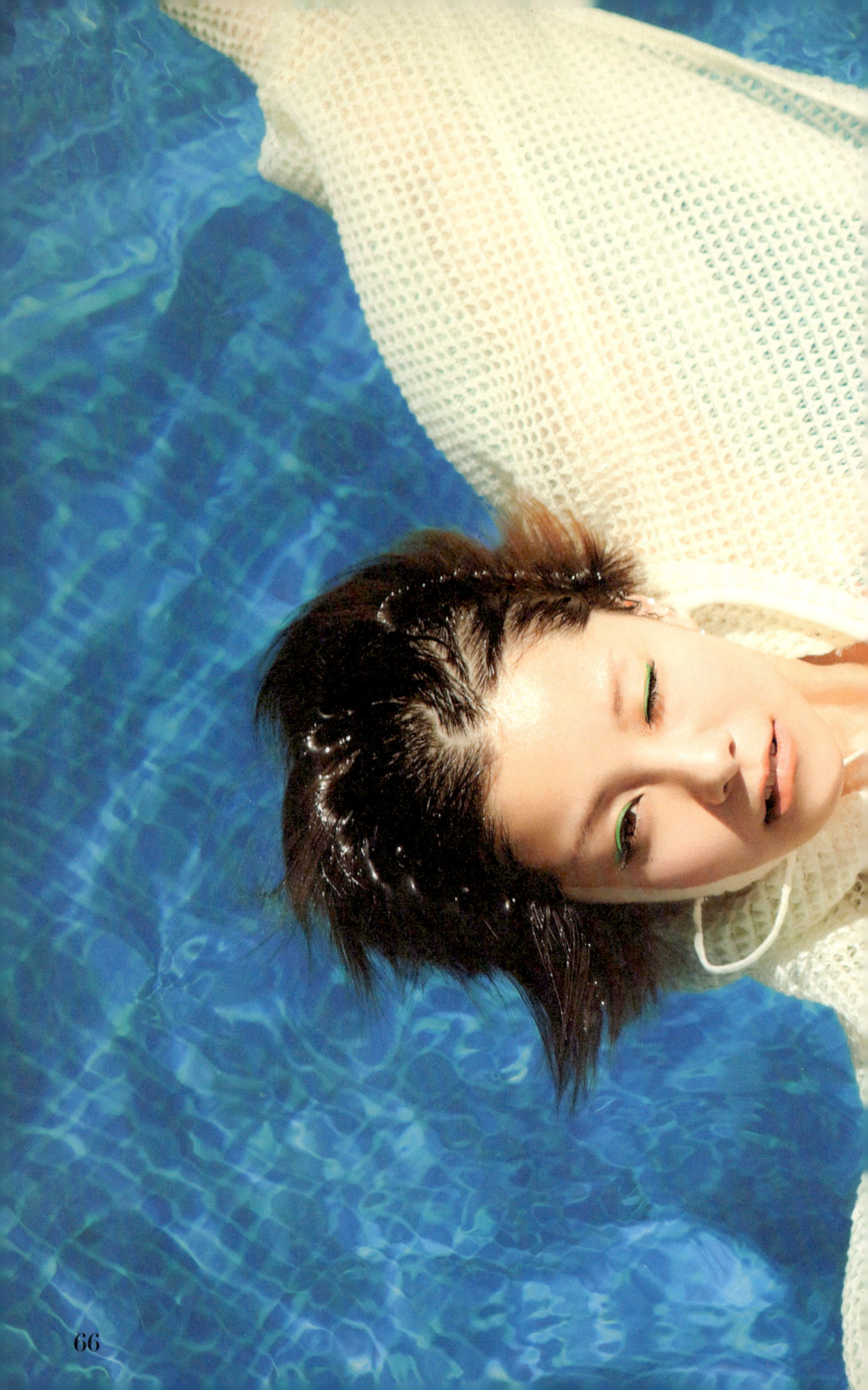

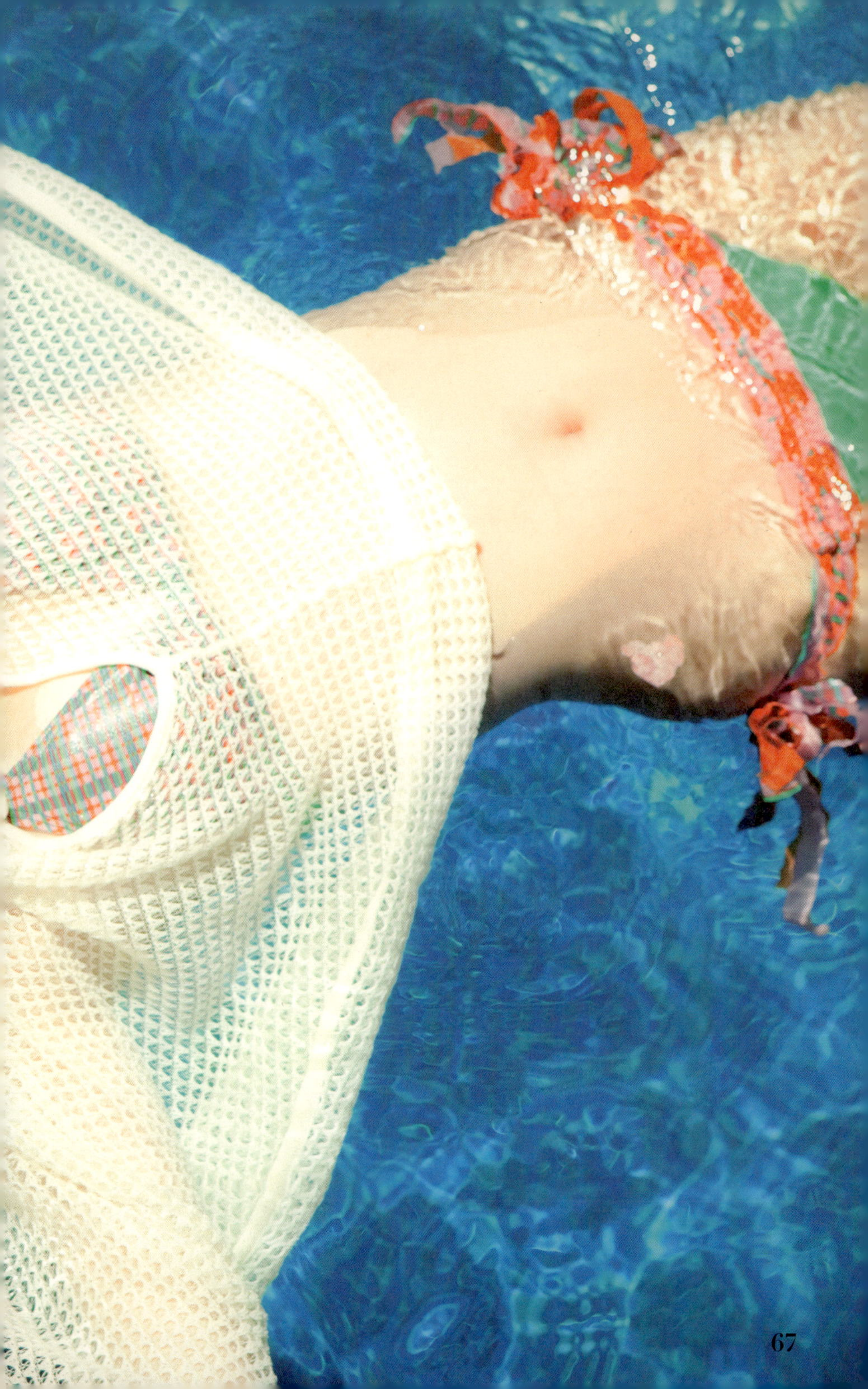

68 Miho♥

History

Chapter 03

幼少期〜デビュー、セブンティーン、ノンノ
今の美保ができるまで

My LiFE Story

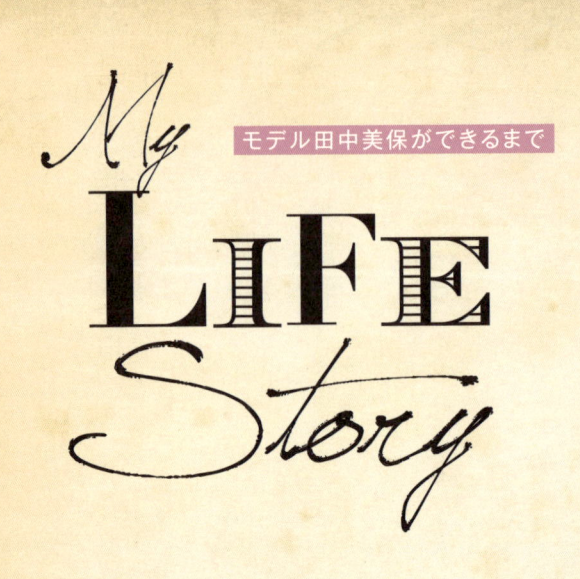

モデル田中美保ができるまで

オテンバだった少女時代

1983年1月12日。生まれたばかりの私は、とにかくよく寝る赤ちゃんでした。夜泣きもしなければグズりもせず、放っておけばグーグー寝てる、そんな子供だったとか。赤ちゃんの頃は手がかからない、おとなしい子供だった私ですが、幼稚園に入ってからは ヤンチャっぷりが開花。「お兄ちゃんと同じコトがしたい！」「お兄ちゃんと同じものが欲しい！」兄の後ろをくっついて歩いては、泥だらけになって遊ぶ日々。家の柱にぶらさがって遊んでいるときに 腕を脱臼。夜中に病院に駆け込む、なんてハプニングもよくあったの（笑）。そのヤンチャっぷりは、小学校に入ってから、さらにエスカレート。ビニール袋いっぱいに捕まえた ミミズ を学校のニワトリにあげたり。原っぱで大量にむしってきた野生のノビルを家庭科室で調理して食べようとしたり。猫アレルギーなのに猫屋敷に出入りして、湿疹だらけになって学校を休んだり。それでも懲りずにまた出入りして怒られたり……もう、やりたい放題 (笑)。うちの門限は17時と早かったから、「どうしたら、もっと長く遊べるんだろう？」と考えた末に「早く学校に行けばいいんだ!!」と思いつき、朝の6時 に学校に行ったりして（笑）。早朝から門限まで、泥だらけになって遊んでた。

とにかく負けず嫌い。それは今も変わらない。

昔から、じっとしているのが苦手で、体を動かすのが大好きだった。そのうえ、ものすごく 負けず嫌い。運動では一番にならないと気が済まなくて、縄跳び検定では三重跳びもクリアして特級をゲット。一輪車も竹馬も、いつもクラスで一番だった。ただひとつ、一番になれなかったのが鉄棒。友達にね、体操を習っているコがいて、そのコは大車輪ができたの。友達から 鉄棒先生 と言われていた私も、さすがに大車輪はできなくて……初めて、一番になれない悔しさを味わったんだよね。

Miho ♥

中学校に入ってから、その運動熱と負けず嫌いを バレーボール に注ぐように。
365日を部活に費やし、そのかいあって、都大会にも出場したんだよ。
会場の雰囲気にのまれて緊張した私がサーブカットをミスしまくり……あっという間に負けちゃったんだけどね(笑)。

「なんか、面白そう」好奇心だけでモデルの世界へ

学校が大好き。友達が大好き。TVを見るよりも外で遊ぶのが大好き。
華やかなこの世界に全く興味のなかった私がモデルになったきっかけは スカウト。
小学校4年生 のときに西武遊園地で声をかけられたんですよ。そこで「やってみよう」と思ったのは……ただの好奇心(笑)。幼い頃は、恥ずかしがりやのくせに目立ちたがりやで。学級委員や体育委員長とかやるような子供だったから、その延長線上で、「なんか、面白そう」と思って飛びこんだんだろうな。な～んにも考えずにね(笑)。
小学生の頃は、学研のチラシに出たり、子供モデルみたいな仕事をたま～にしてた。
ファッション誌の仕事をするようになったのは中学生になってから。初仕事は『プチセブン』。身長が足りなくて、電話帳みたいな分厚い本の上に立って撮影したのを今でも覚えてる。
本格的にモデルの仕事をスタートさせたのは高校生になって『SEVENTEEN』に出るようになってからなのかな。それでも相変わらず、私にとって、モデルの仕事は 部活感覚 でした。当時の私が何よりも大切にしていたのが "高校生の今しかできないこと" で。コンビニやガソリンスタンドで アルバイト もした。バイトのシフトが入っているときは「明日、バイトなんで」って、モデルのお仕事を普通に断ったりしてましたからね(笑)。
その裏にあったのは「大好きな友達から離れたくない」という気持ち。同じ話題で盛り上がりたい、同じ気持ちで毎日を過ごしたい……だからこそ、"高校生の今しかできないこと"、にこだわり続けていたんだと思う。

挫折を味わって初めて "プロのモデル" になれた

部活感覚でモデルの仕事を続けていた私が、本当の意味で "プロのモデル" になったのは、短大を卒業してから。本気でモデルをやめようと考えた くらい、大きな壁にぶつかり、それを乗り越えてからなんだと思う。
私ね、20代に入ってすぐ、ものすごく太ってしまったんですよ。
その大きな原因は、ずっと続けていた運動をやめたり、お酒を飲み始めたこと。
今思うと、プロとしての自覚がなく、自分に甘かったんだよね。
太った私に対して、周りの評価はすごくシビアで。一気に仕事のオファーが減ったの。「モデル一本で頑張っていこう」と決意した矢先に、頑張れる場所を失ってしまった……。
そのときに初めて、これは "仕事" で、私は "商品" なんだってことを痛感したんだ。
モデルは見た目で判断される仕事。それを辛いと感じたこともあったけれど、"商品" としてのプロの自覚を得た今は "求められる世界に染まる" という楽しみが増えた。
モデルは自分ひとりではできない仕事だと思います。メイクさんがいて、スタイリストさんがいて、カメラマンさんがいて……初めて成立する仕事。そこで、私がすべきなのは "みんなの描くイメージをカタチにすること"。そのためにも、どんなメイクも、どんなファッションも着こなせるモデルでありたい。何色にも染まれるモデル。それが私の目標なんです。

My Happy CHILDHOOD

美保の思い出のアルバム
赤ちゃん時代から高校生時代まで
田中美保の"成長の記録"♡

Newborn 1983〜
赤ちゃん時代

"寝る子は育つ"というのは本当!? 赤ちゃんの頃はブックブクでした♡

Bab Bab...

よく「笑顔がお兄ちゃんに似てる」と言われるんだけど。この頃からソックリ(笑)。

My Brother

1986〜 Tiddler
ちびっこ時代

女の子らしく見えるんだけど、実はすごいオテンバガール。

Puppu〜

Gao〜!

Daddy

オテンバっぷりを証明する写真の数々(笑)。汗をかいている写真もスゴク多いんだよね。

72 Miho ♥

chheu☆

Say Cheese!

1989〜
小学生時代

外で遊ぶことばかり考えていた頃。夏は日焼けで真っ黒!!

Elementary School

Junior High School

1995〜
中学生時代

モデルの仕事よりも部活優先。バレーボール命でした(笑)。

ヤンチャだけどスカート大好き。髪の毛もずっとロングヘアでショートにするなんて考えたこともなかった。

毎日、体を動かしていたから、全体的にスッキリしてます(笑)。ノーメイク&爽やかでまさに部活少女!!

High School

人生で一番メイクが濃かった時代といっても過言じゃない!?　ブルーのアイシャドウとか使ってたからね(笑)。

Peace!

1998〜
高校生時代

ギャルブームにのっかって、濃いめのメイクにも挑戦☆

Chapter 03 History　73

Memorable SHOOTINGS

「セブンティーン」と「ノンノ」の名場面をプレイバック

SEVENTEEN　撮影現場は"もうひとつの学校"みたいだった

セブンティーン時代の自分をひと言で表現するなら"無邪気"。
撮影現場に行けば、仲良しのモデルやスタッフに会えて、楽しい時間が待っている……
この頃は、まるで仕事場に遊びに行くような感覚で、本当にな〜んにも考えていなかったの。
そんな私が写真にも表れているよね。今はもう、こんな無邪気な笑顔はきっとできないし、こんなに自由奔放なポーズもきっとできないんじゃないかなぁ（笑）。
今では"カジュアル担当"として、ボーイズライクなファッションで登場することが多い私ですが、セブンティーンではいろんなファッションに身を包むことが多かった。それこそ、ガーリーな服だったりね。当時は遊び心のあるページも多くて、普段着られない服、普段できないメイクで、全く違う自分になれるのも、楽しみのひとつだったような気がするな。

1998 24号　初登場！『お気に入りニットは¥3900〜で探そう！』

1998 26号　『売れてる服と小物211大調査』

1999 21松跨号　『ショップへ急げ！冬物カタログ最終便108』

1999 22号　『秋の通学スタイルはコレに決まりっっ!!』

1999 24号　『チークでもっときれいになる！』

74　Miho♡

2000 7号	『「かわいい♡」と絶対いわせる 春ニット・96』
2001 8号	『STモデル&メイトの春の着まわし計画』
2001 20号	『美保のオシャレ ぜ〜んぶ持ってきちゃいました♡』
2001 24号	『美保最新NEWS20』
2002 6号	『"モデ²ガール"で必勝VD』
2002 10号	『美保©が愛される理由。』
2002 10号	『MIHO'S HAPPY GO LUCKY MIHOといっしょに楽しい新学期じたく』
2003 4.3合併号	『MIHO'S HAPPY GO LUCKY 20歳の美保の20の誓い。』
2003 14合併号	『花柄でウキウキ夏ガール』

Chapter 03 History　75

non·no

ノンノは私を成長させてくれた場所

ずっと無邪気に仕事をしていた私を"プロのモデル"に育ててくれたのがノンノ。
海外にも連れて行ってもらったし、私の特集もたくさん企画してくれた……辛い想いをしたことも
あったけど、それ以上にいろんな経験や勉強をさせてもらいました。
「この撮影のとき、カメラマンさんのシュークリームがトンビに奪われる事件があったな」
「この海外ロケでは、打ち上げのときみんなで『カミカゼ』というテキーラを飲んでつぶれたな」
「これは、フラれた翌日に撮った写真だ。涙をこらえて笑うのが辛かったなぁ」
こうやって、過去を振り返ると、ひとつひとつのページに思い出がいっぱい詰まっている。
お気に入りのページもたくさんあるけれど、なかでも、個人的に好きなのが、
私が登場するようになったばかりの頃のノンノ。
モデルの髪型やメイクをそろえたり。みんなでお人形さんになってみたり、モデルがテーマに染ま
ってひとつの世界を作り上げる、そんな企画が多かったんだよね。
ひとつひとつの写真に物語があって、その世界に入りこむのがスゴく楽しかった。
そういう楽しみを知ることで、モデルとして目指す場所が少しずつ見えてきたような気がする。
基本的に、どんな撮影も楽しめる私ですが、唯一、苦手だったのが……
男性タレントさんと一緒に撮影する"デート企画"。
こう見えて私、かなりの人見知りなんですよ。特に、初対面の男の人とは上手く話せなくて。
カメラの前では仲良くできても、シャッターが止まった瞬間に無言、なんてこともしょっちゅう。
気を使って話しかけてくれるんだけど、私のせいで会話がはずまなくて……毎回、申し訳ない気持
ちでいっぱいに。本当、共演してくれた方々にはこの場を借りて「ごめんなさい」と伝えたい!!

2000 21号 初登場！「どれにする？こっくり秋色の毎日アウター」

2001 6号 「保存版・無敵の「ヘアアレンジ」BOOK」

2001 24号 「「ヴィッキー」「シンディ」「アンスクウィーキー」に注目。」

2002 14号 「人気モデル7人の夏服＆夏プラン」

Miho♥

2002 21号	『ベーシックカジュアル派美保のジーンズ10days』
2002 22号	『恵麻&美保が行く。おしゃれシティー「上海」』
2003 8号	『4月のファッションダイアリー30Days』
2003 15号	『田中美保★360°おしゃれ解剖バイブル』
2003 19号	『美保は、「スポーツミックス」に夢中！』
2004 5号	『保存版・美保が行く ちょっぴり通な ハワイの休日』
2004 10号	『EMIHOは今日から「大人かわいいカジュアル」!!』
2004 15号	『「カッコかわいい」真夏の美保カジ16DAYS』

Chapter 03 History   77

| 2005 16号 | 『かわいさ史上最強☆「美保カジ」の最新にズームイン！』
| 2005 24号 | 『ツインズ美保の「12月のカウントダウン着回し」15days×2』 
| 2006 5号 | 『別冊付録・まるごと美保BOOK』 
| 2006 10号 | 『美保feat.オリエンタルラジオ デニムで着回し武勇伝』 
| 2006 21号 | 『今日から即マネ！絶賛コーディネート100』 
| 2007 1号 | 『美保カジ&森きみベーシック'06人気NO.1スタイル総決算！』 
| 2007 8号 | 『「田中美保」になりたい！』 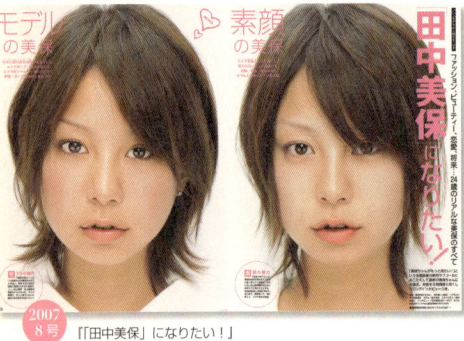
| 2007 12号 | 『小出恵介くんと美保ちゃんのうれしはずかし夏デート』 

Miho ♥

Chapter 03 History　79

Miho's Column for non·no

ノンノでの連載の数々

[MIHO LOVES…] 2009 1.5 ~ 2009 12.20

01 「帽子」
02 「フープピアス」
03 「お花見デート」
04 「カラフル」
05 「レインブーツ」
06 「リゾートワンピ」
07 「ビーチスタイル」
08 「プリントスカート」
09 「アニマルスニーカー」
10 「ウインターニット」
11 「休日ファッション」
12 「ブラック」

01.2009年2・3合併号　02.2009年5号　03.2009年7号　04.2009年9号　05.2009年11号　06.2009年13号　07.2009年15号　08.2009年17号　09.2009年19号　10.2009年21号　11.2009年23号　12.2010年1号　13.2010年2・3合併号　14.2010年4号　15.2010年5号　16.2010年6号　17.2010年7号　18.2010年8号　19.2010年9号　20.2010年10号　21.2010年11号　22.2010年12号　23.2010年13・14合併号　24.2010年15・16合併号　25.2010年17・18合併号　26.2010年11月号　27.2010年12月号　28.2011年1月号　29.2011年2月号　30.2011年3月号　31.2011年4月号　32.2011年5月号　33.2011年6月号

Miho♥

[MIHO'S FAVORITE] 2010 1.5~

Chapter 03 History   81

Miss COVER GIRL ♡

今までの美保の表紙を大公開!

表紙は皆からの愛の記録

「表紙だから」といって、特別に何かを意識して撮影したこと、実は今までないんです。
どんな撮影でも100%の力と愛情を注ぐ。
それが私の仕事に対するポリシーだから。表紙と中ページで差をつけたことがないんですよ。
でも、こうやって自分が飾った表紙を並べて見ると……やっぱり嬉しいよね(笑)。
表紙は雑誌の"顔"ですから。
その"顔"を飾れるカバーガールに選んでもらえるのは、とても光栄なこと‼
また、スタッフのみんなが「良い」と言ってくれる"とっておきの1枚"が表紙になるから、
「私は自分のこういう表情は好きじゃなかったのに、みんなは良いと思ってくれているんだ」
なんて、嬉しい驚きに出会うこともたまにあるの。
それが私の新しい自信につながったコトもあるんだよ。
ヘアメイクさん、スタイリストさん、カメラマンさんに編集さん……
沢山のスタッフが引き出してくれた"とっておきの私"。ズラリと並んだ表紙を眺めていると、
今まで関わってくれた沢山のスタッフへの感謝の気持ちがこみ上げてくる。
そして同時に、私を応援してくれる読者のみんなへの感謝の気持ちも……。
カバーガールに選ばれたのは、私を支持してくれる読者のみんながいたからこそ。
この表紙の数々は、私が愛されてきた記録でもあるんだよね。
そう思うと、胸がキュウッと熱くなる。
こんな私を愛してくれて……本当にみんなありがとう‼

Miho♥

SEVENTEEN 1999 7.1～2003 2.1

1999年15号	1999年19・20合併号	1999年21号
1999年25号 (Best Shot♥)	1999年26号	

2000年11号	2000年15号 (Best Shot♥)	2000年23号
2000年26号	2001年1号	

2001年6号	2001年7号	2001年8号
2001年12・13合併号	2001年19・20合併号	

2001年24号	2001年26号	2002年6号 (Best Shot♥)
2002年8号	2002年10号	

2002年12・13合併号	2002年17・18合併号 (Best Shot♥)	2002年19・20合併号
2003年1号 (My Special Shot♥)	2003年4・5合併号	

Chapter 03 History 83

non·no 2002 4.20〜

2002年8号	2002年13号
2002年17号	2002年24号
2003年2・3合併号	

Best Shot♥

2003年8号	2003年13号
2003年17号	2003年19号
2003年23号	

In Guam!

2004年2・3合併号	2004年5号
2004年15号	2004年18号
2005年20号	

Best Shot♥ Smile after Heartbreak.

2005年23号	2006年5号
2006年8号	2006年10号
2006年12号	

In NY! Best Shot♥

2006年7月15日号(別冊)	2006年16号
2006年18号	2006年20号
2006年23号	

84 Miho♥

2007年1号　　2007年5号　　2007年6号　　2007年8号　　2007年10号

2007年13号　　2007年15号　　2007年16号　　2007年21号　　2007年23号

2007年24号　　2008年5号　　2008年8号　　2008年12号　　2008年15号

2008年18号　　2009年1号　　2009年10号　　2010年13・14合併号

To be Continued...

Chapter 03 History　　85

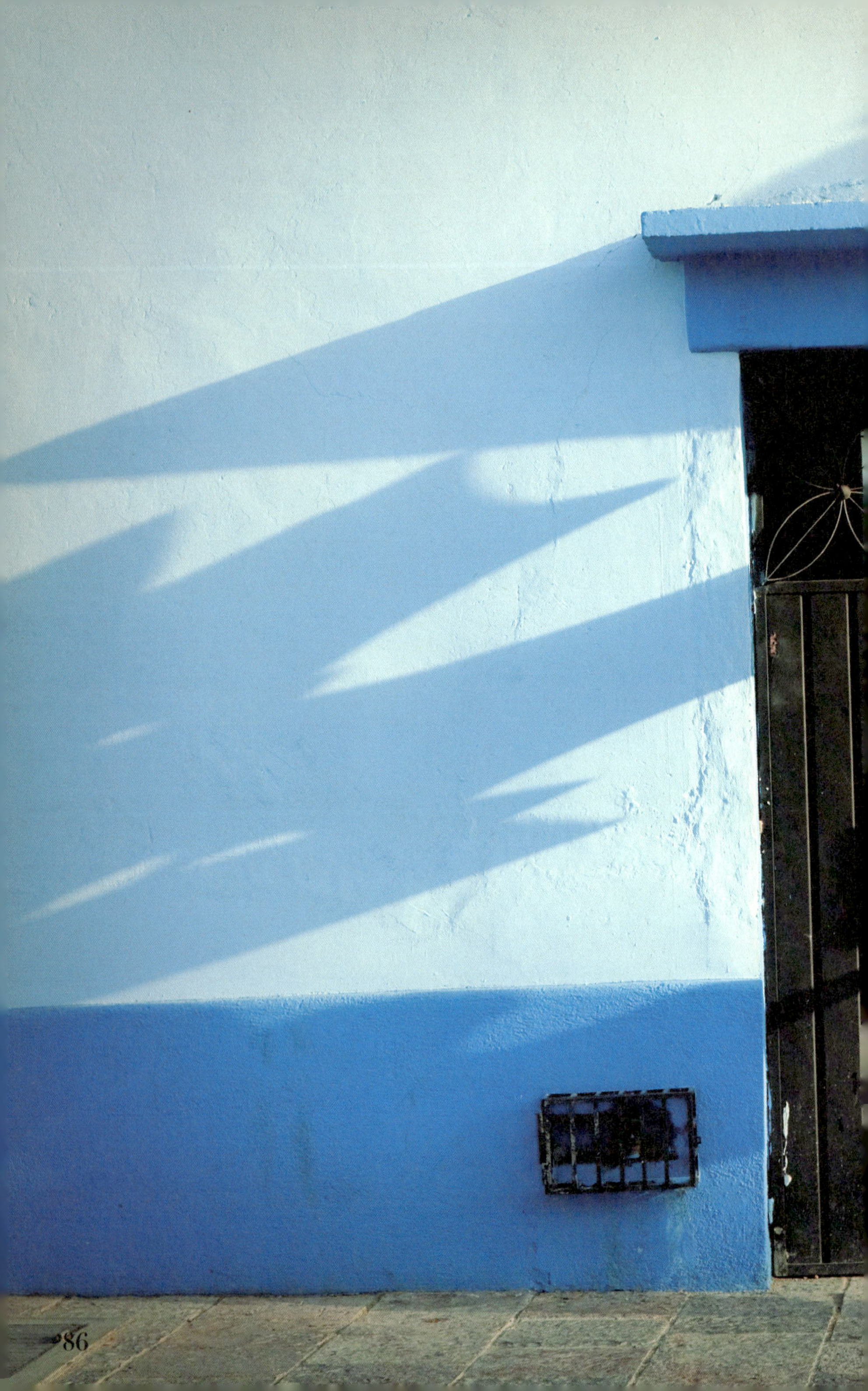

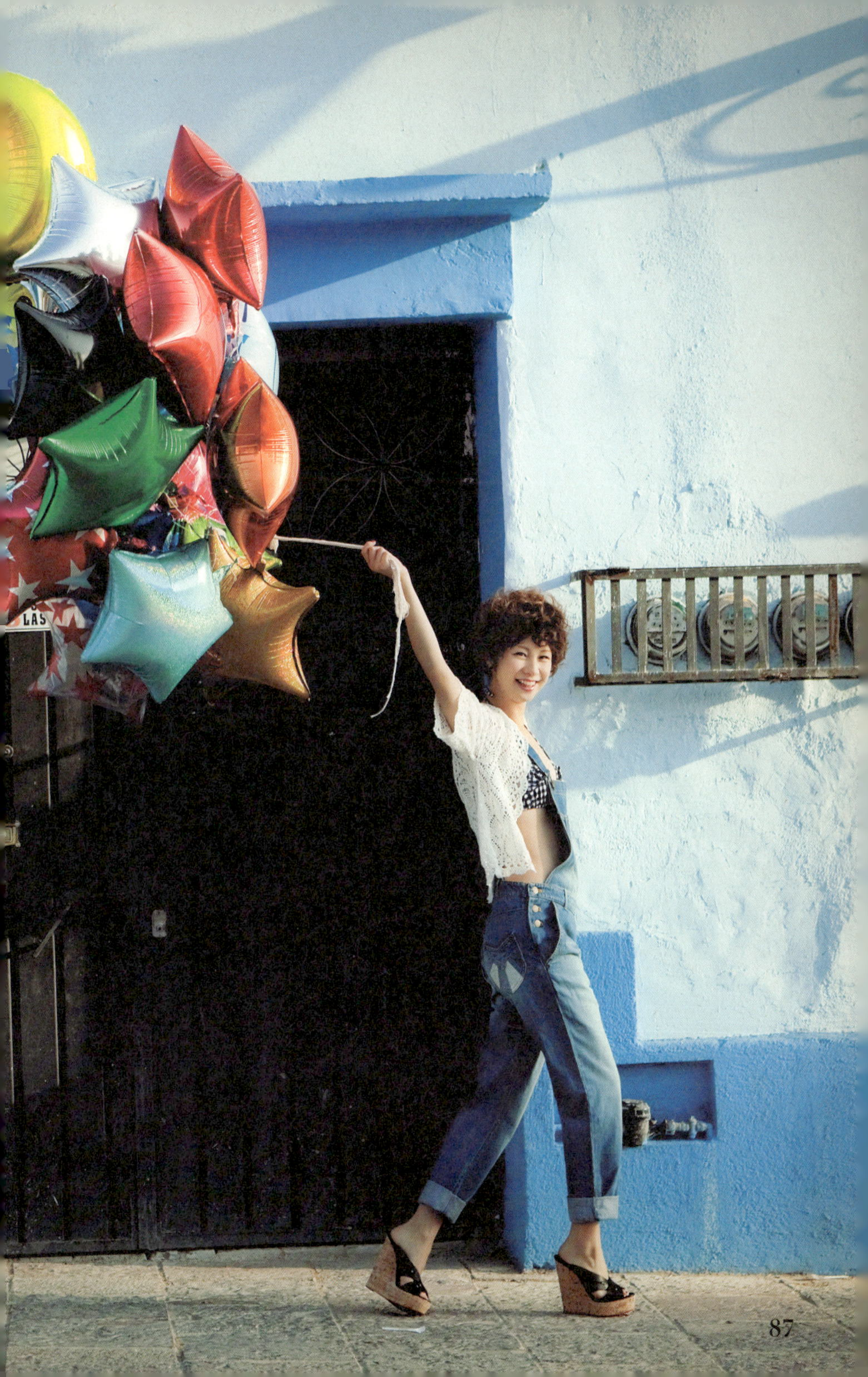

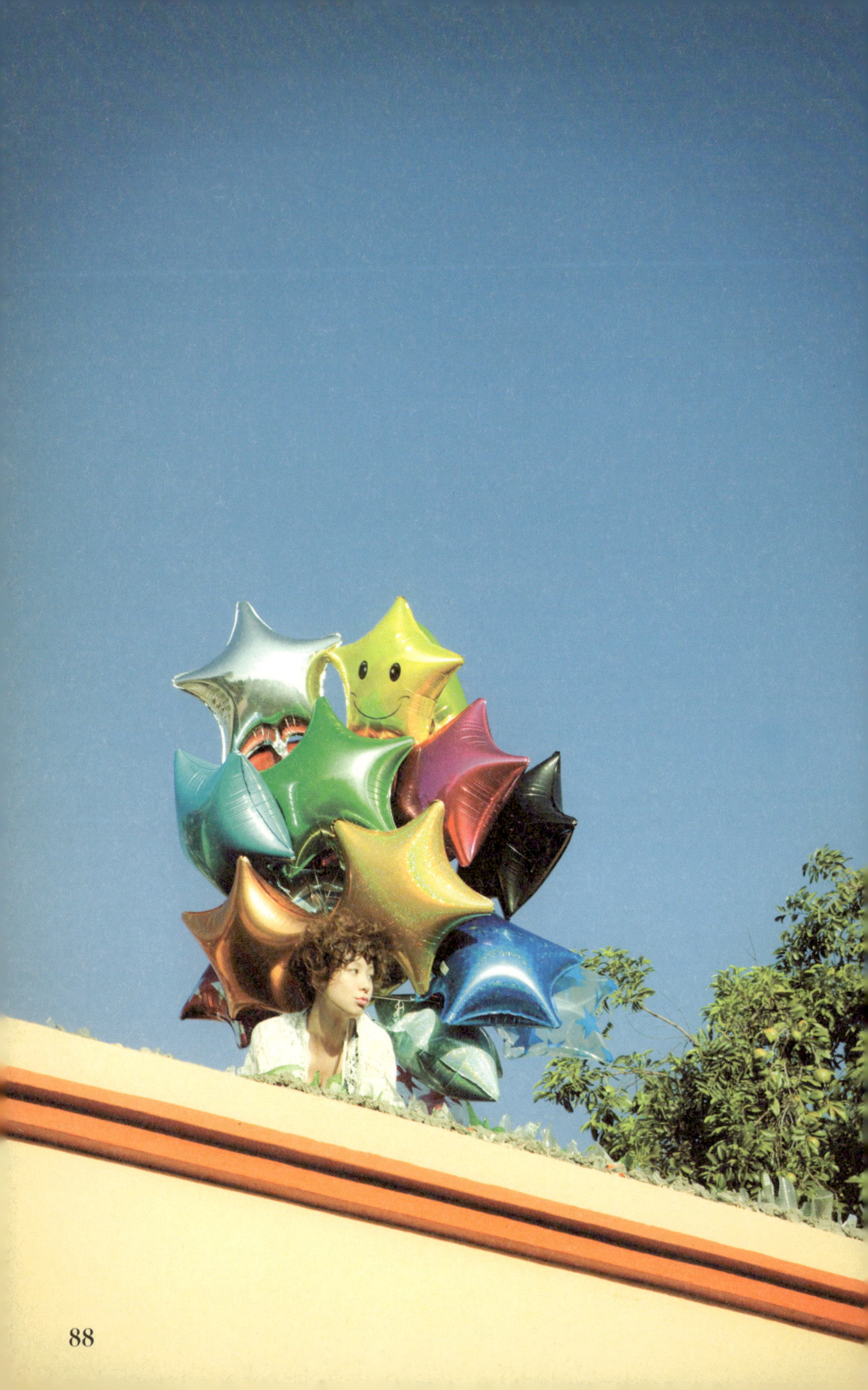

Vuela alto, como los pájaros tan libres en el cielo...

Chapter 04
Private

24時間密着、料理日記、100問100答…
美保の日常生活をのぞき見！

Chapter 04 Private

24 HOURS
of Miho

美保の1日に密着!

ドラマとノンノの撮影現場にカメラが潜入。美保のお仕事風景をお届け!

おはよ♡

05:00
自宅を出発
ドラマの現場へ

06:00
台本を読みながら
控室で出番待ち

ふむふむ…

◀▲最近、演技することにも興味が湧いてきたんだ。ドラマ「バーテンダー」(テレビ朝日)の第4話に出演させてもらったよ。

11:00
ノンノの撮影
現場に到着

よろしく
お願いしまーす

六本木のテレビ朝日から、芝浦のスタジオへ移動。気持ちをモデルモードにスイッチオン。

11:10
いそいで
遅めの朝食

バクッ!

11:20
ヘア&メイク
開始

あはは

12:30
スタッフ全員で
写真チェック

かわいー♡

いい写真が撮れているか確認。こうやってみんなで作り上げる過程は撮影の醍醐味♡

13:00
「メガネ」について
インタビュー

うんうん

メガネ好き

書いたぞー

撮影後、編集さんとのインタビュータイム。ポラにサインも書いたよ!

92 *Miho*♥

Lapinだよ

07:00 リハーサル開始 スタジオへ移動

07:20 本番スタート！ ブザーが鳴り響く

カメラ位置を変えて、同じシーンを何度も繰り返す。今回の設定は、子供のいるキャバクラ嬢。役になりきれてるかな？(笑)

11:40 着替え終了！ お待たせ〜♪

じゃーん！ どう？

12:00 ノンノ連載の撮影開始

美保の連載「MIHO'S FAVORITE」の撮影。テーマや服の雰囲気に合わせて、表情やポーズも考えるよ。

今日のテーマは「メガネ」なんです

パシャ

14:00 今日3本目。ノンノの別チームの撮影へ

15:00 撮影の合間に、楽しくおしゃべり

奈緒子ちゃん＆栞ちゃんと、初めて同じ撮影に。2人とも、明るくてかわいい!!

感激！

えへ

Bye Bye

撮影終了 おつかれさま！

16:30 今日は早く終わったので、帰って料理でもするつもり。明日も頑張ろう！

Chapter 04 Private　　93

Digi-Cam COOKING Diary
手料理デジカメダイアリー

ダイエットと健康のためにも、夜は自炊が基本。そんな美保のリアルな手料理のデジカメ日記♡

鰤の照り焼き&肉じゃが

煮込むだけで簡単な肉じゃがはよく作るメニュー。鰤の照り焼きは初挑戦。私の手料理レシピは母直伝のモノがほとんどだけど『クックパッド』を参考にすることも。スーパーに行ったとき「冷蔵庫に小松菜があったな。小松菜料理って何があるだろう？」と『クックパッド』で検索。足りない材料を買って帰る、なんてこともよくあるの。もうひとつ、信頼を置いているのがケンタロウさんの料理本。簡単なのにスゴク美味しい!! 他にもいろんな料理本で勉強してるよ♡

Day 1

Day 2

和風ハンバーグ

ピーマン、ニンジン、タマネギ……我が家のハンバーグは野菜たっぷり。ひき肉よりも野菜を多めに入れるのがポイント。サイズは小さめが基本なの。大きめにしちゃうと「残すのがもったいない」って食べすぎちゃうから(笑)。また、焼く前のプレーンなハンバーグは多めに作って冷凍してストック。忙しいときに解凍して焼いて食べてます。大根おろし&ポン酢をかけたり、ソース&マヨネーズで食べたり……味付けは、その日の気分で楽しんでるよ。

Miho♥

Day 3 ひじきのサラダ
たっぷりのひじきに、油揚げ、ニンジン、ネギをまぜてチャチャッと味付け。栄養バランスもいいし、おなかにたまるし、とってもヘルシー♡ 食べすぎてしまった日の翌日は、これだけで夕食を済ませてしまいます。

Day 4 インゲンとニンジンの肉巻き
豚肉でインゲンとニンジンを巻き巻き。肉料理に添えたのはアサツキのおひたし。ネギみたいにちょっと辛みがあるんだけど、体にスゴくいいんだって。余ったアサツキを冷奴の上にもたっぷりのせてみました♡

Day 5 炊き込みご飯&鯛の干物
炊き込みご飯用のキノコと油揚げの残りを、お味噌汁の具材に。料理をするときは、なるべく材料を使いきるように工夫。ミニトマトは毎日のように食卓に登場。彩りもキレイだし、トマトのリコピンは体にもいいんだよ。

Day 6 クリームシチュー&サラダ
クリームシチューは大好物。お肉のかわりにウィンナーを入れるのと、鶏がらスープで味を調えた後、トロトロに仕上げるのが私のこだわり。本当は白米にかけて食べる派なんだけど、ダイエットのために白米は我慢(泣)。

Day 7 すき焼きパーティー
この日は女子会を開催。女友達とすき焼きホームパーティーをしました♪ 私は主に材料を切る係を担当。鍋奉行は友達にまかせました(笑)。こういうときは思い切り食事を楽しむっ。おなかいっぱいお肉を食べたよ♡

Day 8 大盛り餃子(笑)
友達が遊びに来たので、大量に餃子を焼きました。この日は、キャベツとニラとひき肉を包んだけど、餃子は何を入れても美味しい。冷蔵庫の余りモノを入れちゃうことも多いの。白菜や大根もシャキシャキして◎。

Day 9 プルコギ&ナムル
韓国料理が食べたくて……越部千恵子さんの料理本『旦那さん定食』を参考に、初めてプルコギとナムルを作ってみました♡ プルコギは材料を調味料に漬け込んで焼くだけ。難しいのかと思いきや、わりと簡単でビックリ。

Day 10 カレードリア
余ったカレーとゴハンにホワイトソースとチーズをのせて、オーブンで焼くだけ!! カレーの翌日に作るメニュー。ホワイトソースがないときは、カレーを牛乳でのばしてもOK。中に卵をおとすとさらに美味しくなるよ♡

Day 11 サニーレタスのサラダ
食べすぎた翌日に登場することの多い"帳尻合わせ用のヘルシーメニュー"。サラダはお塩で食べることも多いけど、スライスしたタマネギを30分くらいポン酢にひたし、それをドレッシングがわりにすることも。

Chapter 04 Private

SHOP LIST
Miho's Recommended

美保出没MAP
お気に入りの街、お気に入りの店……田中美保が通うフェイバリット☆スポット。

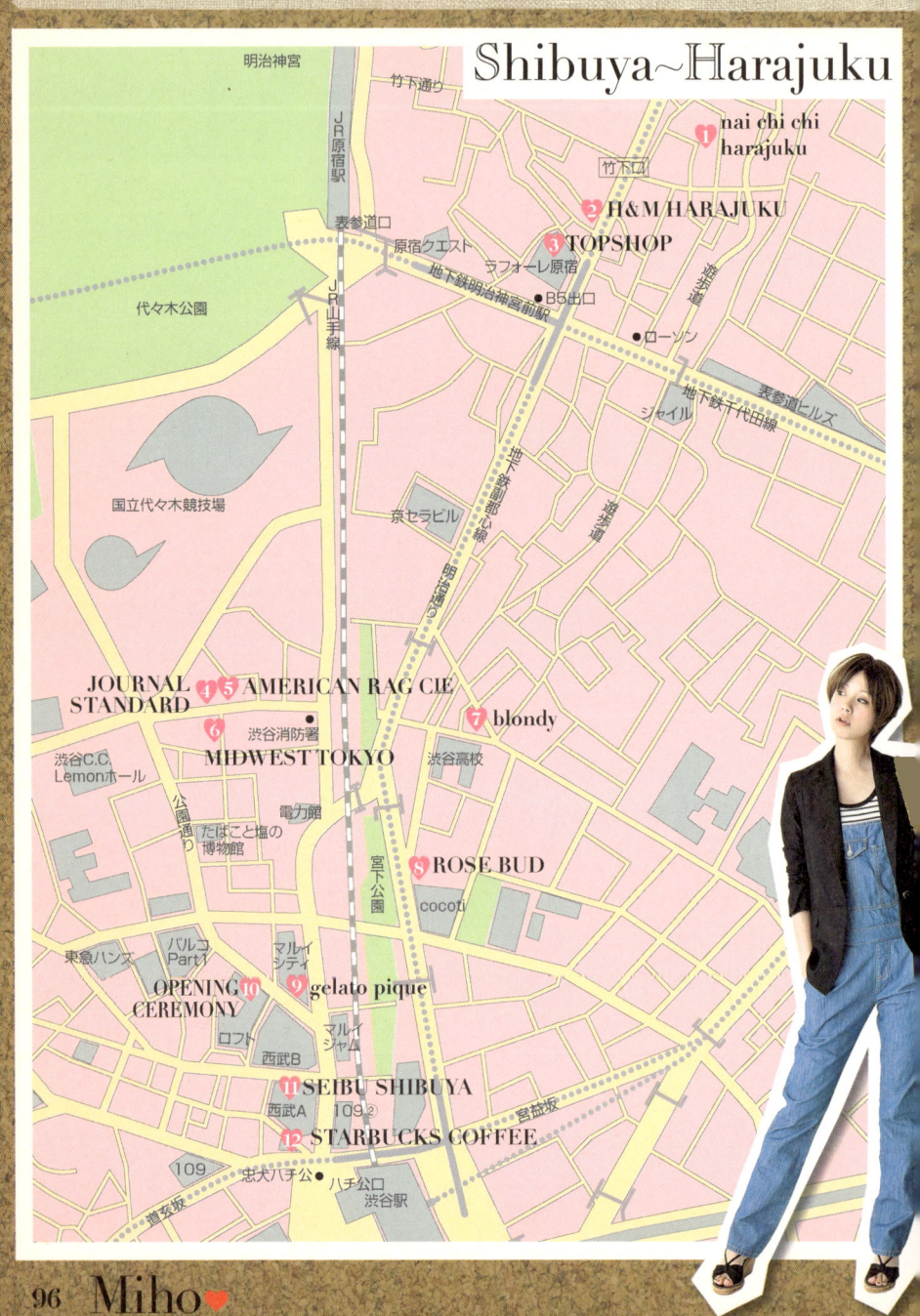

Shibuya~Harajuku

1. nai chi chi harajuku
2. H&M HARAJUKU
3. TOPSHOP
4. JOURNAL STANDARD
5. AMERICAN RAG CIE
6. MIDWEST TOKYO
7. blondy
8. ROSE BUD
9. gelato pique
10. OPENING CEREMONY
11. SEIBU SHIBUYA
12. STARBUCKS COFFEE

96 Miho♥

1 nai chi chi harajuku
（ナイチチ原宿店）

**さりげなくエッジの効いた
カジュアルアイテムに出会える**

シンプルだけど主張のある、ひと味違うカジュアルアイテムが豊富なの。毎シーズン、必ずチェックしてるよ。

東京都渋谷区神宮前3-20-18
高山ビル1F
☎03(5771)5198
⊙12〜20時
不定休
http://www.naichichi.com/

2 H&M HARAJUKU
（H&M 原宿店）

**お手頃価格が嬉しい旬アイテム
はデイリーユース必須!!**

ハイ&ローのMIXスタイルが好きな私のお助けショップ。入れ替わるスピードが速いのでマメに新商品をチェック。

東京都渋谷区神宮前1-8-10
H&M カスタマーサービス ☎03(5456)7070
⊙10〜21時(月〜木)／〜22時(金)
　9時30分〜22時(土)／〜21時(日・祝)
不定休
http://www.hm.com/jp/

3 TOPSHOP
（トップショップ）

**シーズンごとにトレンドを
おさえたアイテムが勢ぞろい!!**

ファストファッションの中でもエッジが強めのアイテムに出会える。行くたびに「欲しい」と思う服に遭遇♡

東京都渋谷区神宮前1-11-6
ラフォーレ原宿1・2F
☎03(5414)3090
⊙11〜20時
年中無休
http://www.topshop.com/japan

4 JOURNAL STANDARD
（ジャーナル スタンダード 渋谷店）

**大人のナチュラルカジュアルを
目指すならやっぱココでしょ**

上質なリラックスウェアが勢ぞろい。コットン系のアイテムをよくチェック。大人なナチュラルカジュアルにベスト。

東京都渋谷区神南1-5-6
☎03(5457)0719
⊙11時30分〜20時
不定休
http://journal-standard.jp/

5 AMERICAN RAG CIE
（アメリカンラグ シー渋谷店）

**ブランドのセレクトにセンスを
感じるお気に入りショップ**

オリジナルブランドの服も可愛くて好き。洋服だけでなく、小物・雑貨やインテリアをチェックすることも多いの。

東京都渋谷区神南1-5-4
☎03(5459)7300
⊙12〜20時
不定休
http://www.americanragcie.co.jp/

6 MIDWEST TOKYO
（ミッドウエスト トウキョウ）

**モードなインポートブランドも
ゲットできるセレクトショップ**

インポートからドメスティックまでモードなブランドのセレクトがナイス☆
パンチの効いたアイテムにも出会える。

東京都渋谷区神南1-6-1
☎03(5428)3171
⊙11〜20時
不定休
http://www.fashioncore-midwest.com/

7 blondy
（ブロンディ渋谷店）

**カジュアルCDを女性らしく
仕上げてくれる服をゲット**

キュートだけどカジュアル。甘すぎないガーリー感がお気に入り。甘辛MIXスタイルを作るのに大活躍♪

東京都渋谷区神宮前5-30-2
第一タカラビル102
☎03(5464)2792
⊙11〜20時
不定休
http://www.blondy.jp/

8 ROSE BUD
（ローズ バッド）

**オリジナルだけでなく
セレクトのセンスも私好み♡**

Tシャツをはじめ、海外のカジュアルブランドが手に入るのも嬉しいよね。小物も可愛いから必ずチェックするよ。

東京都渋谷区渋谷1-23-18
ワールドイーストビル1・2F
☎03(3797)3290
⊙11〜20時
不定休
http://www.rosebud-web.com/

9 gelato pique
（ジェラート ピケ マルイシティ渋谷店）

**デザインも肌ざわりも
着心地も優秀なルームウェア**

私の部屋着やナイトウェアはほぼジェラピケ。甘すぎない、シンプルなネグリジェが可愛くて。最近のお気に入り。

東京都渋谷区神宮1-21-3
マルイシティ渋谷1F
☎03(6416)1269
⊙11〜21時(月〜土)／〜20時30分(日・祝)
不定休
http://www.gelatopique.com/

10 OPENING CEREMONY
（オープニング セレモニー）

**話題のモードなハイブランドは
ここでチェックするよ**

服だけでなく小物のセレクトも秀逸。今、私が愛用しているバッグや靴もここで買ったものが多いんだよね。

東京都渋谷区宇田川町21-1
西武渋谷店Movida館
☎03(6415)6700
⊙10〜20時(日〜水)／〜21時(木〜土)
不定休
http://www.openingceremonyjapan.com/

11 SEIBU SHIBUYA
（西武渋谷店）

**渋谷で時間ができるたびに
ふら〜っとのぞきに行ってます**

一度に幅広いアイテムを見られるのが嬉しい。化粧品を眺めているだけで、あっという間に時間がたっちゃう。

東京都渋谷区宇田川町21-1
☎03(3462)0111(大代表)
⊙10〜21時(月〜土)／〜20時(日・祝)
　(一部、営業時間が異なる売り場アリ)
不定休
※営業時間が変更になる場合があります

12 STARBUCKS COFFEE
（SHIBUYA TSUTAYA 店）

**ちょこっと休憩の
定番スポットといえばココ**

「ほうじ茶 ティー ラテ」がお約束。買い物の途中に寄ることもあれば、お持ち帰りして家で楽しむことも♡

東京都渋谷区宇田川町21-6 QFRONT 1F
☎03(3770)2301
⊙6時30分〜翌4時
不定休
http://www.starbucks.co.jp/

Omotesando

- 13 BULSARA
- 14 L'APPARTEMENT deuxième classe

Daikanyama

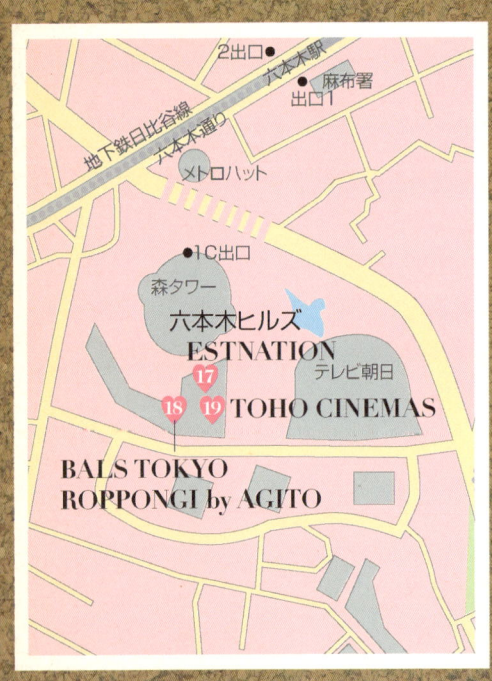

- 15 aquagirl
- 16 grapevine by k3

Roppongi

- 17 ESTNATION
- 18 BALS TOKYO ROPPONGI by AGITO
- 19 TOHO CINEMAS

Shinjuku

- 20 ISETAN SHINJUKU
- 21 THE CONRAN SHOP SHINJUKU

Miho

13 BULSARA
（バルサラ）

**展示会にも毎シーズン
お邪魔してるお気に入り店**

展示会でオーダーする率も高めなんだけど、お店もよくのぞきます。『Banner Barrett』や『AMIW』がお気に入り。

東京都渋谷区神宮前5-3-4
☎03(3406)1250
⊙12～20時
不定休
http://www.bannerbarrett.biz/

14 L'APPARTEMENT deuxième classe
（アパルトモン ドゥーズィエム クラス青山店）

**大人の上質なベーシック
アイテムを探しに行きます**

ワンランク上のベーシックアイテムといえばココ。ラインや着心地にこだわった、上質で長く愛せる服に出会える。

東京都港区南青山5-8-11
B.C南青山PROPERTY 1・2F
☎03(5778)4919
⊙11時30分～20時
不定休
http://deuxieme-classe.jp/lappartement/

15 aquagirl
（アクアガール代官山）

**他の店舗とはひと味違う
代官山のセレクトが好き♡**

代官山店に置いているブランドのセレクトが私のツボにドンピシャ。行くたびに、その誘惑に負けてしまう(笑)。

東京都渋谷区猿楽町2-8
☎03(5489)3492
⊙12～20時
不定休
http://aquagirl.ne.jp/

16 grapevine by k3
（グレープヴァイン バイ ケイスリー）

**私好みのアイテムがズラリ。
ずっと大好きなショップ**

シンプルなんだけどデザイン性の高い、モード寄りのアイテムが魅力的。もう何年も通っているお気に入りショップ。

東京都渋谷区猿楽町13-2 B1F
☎03(3464)5354
⊙12～20時
不定休
http://www.grapevinebyk3.jp/

17 ESTNATION
（エストネーション 六本木ヒルズ店）

**旬なブランドを一度に
見てまわれるセレクトショップ**

話題のブランドがズラ～リッ！『EVIL TWIN』をはじめ、私のお気に入りブランドが揃っているのも嬉しい♡

東京都港区六本木6-10-2 六本木ヒルズ
ヒルサイドけやき坂コンプレックス1・2F
☎03(5159)7800
⊙11～21時
無休
http://www.estnation.co.jp/

18 BALS TOKYO ROPPONGI by AGITO
（バルス トウキョウ ロッポンギ バイ アジト）

**ハイセンスなインテリアや
雑貨をチェックしに行きます**

シンプルだけどセンスを感じるインテリア雑貨が魅力。料理にハマってるので、お皿や和食器をよく見に行きます。

東京都港区六本木6-10-3六本木ヒルズ
ウェストウォーク3F
☎03(5770)4411
⊙11～21時
無休
http://www.balstokyo.com/

19 TOHO CINEMAS
（TOHO シネマズ 六本木ヒルズ）

**映画を見に行くときは
ココを利用することが多いの**

チケットの事前購入で座席も確保できるのがお気に入りポイント。塩＆キャラメルのポップコーンも美味しい♡

東京都港区六本木6-10-2
六本木ヒルズけやき坂コンプレックス3F
☎03(5775)6090
無休
http://www.tohotheater.jp/
www.tcit.jp (携帯)

20 ISETAN SHINJUKU
（伊勢丹新宿店）

**一日中、楽しめる。買い物の
アミューズメントパーク☆**

キッチングッズやキャンドル系まで……セレクトのクオリティが本当に高い。何時間でも楽しめるデパート♡

東京都新宿区新宿3-14-1
☎03(3352)1111(大代表)
⊙10～20時
不定休
http://www.isetan.co.jp/

21 THE CONRAN SHOP SHINJUKU
（ザ・コンランショップ新宿本店）

**プレゼントをきっかけに
ハマったインテリア店**

うちにあるお気に入りの地球儀がここのものなの。それから通い始めたんだけど、欲しい物ばかりで本当に困るの。

東京都新宿区西新宿3-7-1
新宿パークタワー内3・4F
☎03(5322)6600
⊙10時30分～19時／～19時30分(金～日)
定休日：水曜日(祝祭日は営業) 12/31～1/3
http://www.conran.co.jp/

Miho's Recommended **SHOP LIST**

Chapter 04 *Private* 99

100 QUESTIONS for Miho

美保へ100の質問

プライベートから恋愛まで……
皆からの100の質問に美保ちゃんが本音で回答。
これを読めば、田中美保がもっと好きになる♡

Let's Answer!

1 自分の性格をひと言で表すなら？
中途半端な完璧主義者。一日の予定を立てるのが好きで完璧に達成しようとするんだけどひとつでも予定が狂うと一気にやる気を失う(笑)。

2 田中美保の長所は？
良くも悪くも几帳面。本棚の背表紙が揃ってないのとかスゴク気になっちゃうの。

3 田中美保の短所は？
せっかちなところ。撮影で着替えるのもすごく早い(笑)。

4 言われると嬉しいホメ言葉は？
「おもしろいね」。内面をホメられると嬉しい!! ホメられて伸びるタイプ♡

5 友達からよく言われる言葉は？
「アホだね」(笑)。友達の前では完全に三枚目キャラです。

6 何フェチ？
腕フェチ。男らしい腕に弱い♡

7 田中美保の口癖は？
「なんか〜」。言葉の冒頭によくつきます。

8 好きな季節は？
夏。七夕も好き♡

9 苦手な季節は？
春!! 本当は好きなんだけどなんせ花粉が……(泣)。

10 宝物は？
私の周りにいる人すべて。

11 ついやってしまう癖は？
緊張すると前髪をなでつける。気がつけばスゴイ七三に(笑)。気を許している女友達へのボディタッチも激しいらしい。

12 好きな言葉は？
相思相愛♡

13 好きな色は？
海の青、空の青

14 趣味はなんですか？
あえて挙げるならカラオケ(笑)。昔から大好き♡

15 好きなキャラクターは？
実は今までキャラグッズとか集めたことないんだよね(笑)。それよりも、肌ざわりの良いぬいぐるみのほうが好き♡

16 霊感はありますか？
怖い話は大好きだけど、残念ながら霊感はゼロ。だから平気で怖い話とか聞けちゃうんだと思う。

100 Miho♥

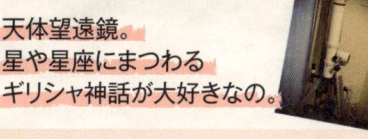

17 今までで一番嬉しかった誕生日プレゼントは?
天体望遠鏡。
星や星座にまつわる
ギリシャ神話が大好きなの。

18 好きな星は?
一番星として
夜空に輝く金星☆

20 好きなドラマは?
『ラブジェネレーション』『この世の果て』
『ロングバケーション』『恋ノチカラ』
昔の名作がめっちゃ好き♡

19 好きなTV番組は?
『ホンマでっか!? TV』『警察24時』シリーズ。

21 好きな作家は? 
平山夢明さん、
奥田英朗さん、東野圭吾さん
の作品をよく読みます。

22 お気に入りの家電は?
Apple TV

23 今、欲しいものは?
ホテルにあるような、ふっかふかの高級マクラ。

24 愛用のケイタイは?
iPhone 4

25 お気に入りのアプリは?
『TAROT READING』『Cookie Dozer』
『PopStar!』『週刊手塚治虫マガジン』。

26 愛用の音楽プレイヤーは?
iPod。お気に入りの曲だけを
厳選して入れてます。その数は178曲。

27 愛車は? 
大きな四駆に乗ってます。

28 運転の腕前は?
車が届いた当日に車庫入れに失敗。
車にも心にも傷を負った
あの日から全く上達してません(笑)。

29 お気に入りのドライブコースは?
家から実家までがお決まりのコース。
相変わらず運転が下手だから
いまだに遠出ができない。

30 通ってるネイルサロンは?
『MARIS』でカットするとき、
ネイルも一緒にやってます。
最近は自分塗りが気分だから。
ケアだけしてもらっているの。

31 ネイルのこだわりは?
短めのスクエア。ちっちゃいツメに
濃い色をのせるのが可愛いって思うの。

32 バッグの中身は? 
『トリー バーチ』のメイクポーチ、
『ボッテガ・ヴェネタ』のお財布、デジカメ、
歯ブラシ等が入ったポーチ、家カギ、携帯。

33 どうしたら美保ちゃんみたいなアヒル口になれるの?
"指先で口角を上げて可愛くなれと唱えると
願いが叶う"というおまじないを繰り返したら
自然と口角が上がりました(笑)。

34 ペットを飼ってますか? 
ミニチュアダックスを
実家で飼ってます。
名前は『ピース』☆

Chapter 04 Private

35 お気に入りの散歩コースは?
知らない町をフラフラ歩くのが好き。
そして、いつも迷子になって
最終的にはテンパってる(笑)。

36 一番好きな遊園地はどこ?
富士急ハイランド。
昔は絶叫マシンが大好きだったのに、
なぜか、年々、苦手に(笑)。
FUJIYAMAは結構勇気がいる。

37 一日の中で幸せを感じる瞬間は?
寝るのか? 寝ないのか?
ベッドの中でウトウトしている時間。

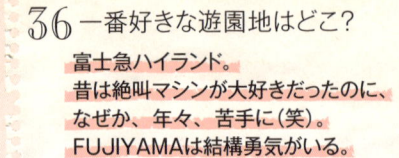

38 寝る前に必ずするコトは? 
加湿器のスイッチを入れる。
枕元にはナノイーの
ナイトスチーマーも置いてます。

39 寝るときのスタイルは?
『ジェラートピケ』
のナイトウェア♡

40 お気に入りの
キャンドルは?
『TOCCA』の
Candela。

41 やる気が出ないときどうしてる?
無理にやる気を出そうとせず部屋でゴロゴロ。
ひたすらラグを触ったり……すると次第に
「這い上がろう」という気持ちが生まれます(笑)。

42 ストレス解消法は?
カラオケ、友達と話す、寝る、
ひたすらキャベツのみじん切り(笑)。

43 マイブームは?
料理、なのかな。
料理本を眺めながら
イメトレするのも好き。

44 得意料理は?
ハンバーグ。

45 家事は得意ですか?
幼い頃からのお手伝いで
鍛えられています。

46 なかでも好きな家事は?
洗濯にはうるさい!! 干し方も、たたみ方も
かなりキレイで几帳面。
クローゼットの中はショップなみにキレイかも。

47 愛用の洗剤は?
洗剤は『ボールド』 
柔軟剤は『ダウニー』の
スプリングラベンダー。
繊細な下着は『TOCCA』を愛用中。

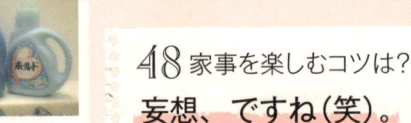

48 家事を楽しむコツは?
妄想、ですね(笑)。
新妻になった気分で家事すると
自然とテンションが上がる♡

49 美保ちゃんの家ってどんな感じ？
**シンプル is ベスト。
本当にすごくシンプル。**

50 家のお気に入り スポットは？ 
ベッドですね♡
『ラルフローレン』の
リネンがお気に入り。

51 お気に入りのインテリアは？ 
地球儀。
ヒマなときに眺めては
「こんな国あるんだぁ」
と見知らぬ国に想いをはせてます。

52 モデルになったときの身長は？
164cmでした。ちなみに今は167cm。

53 「私、モデルに向いてるな」と思うところは？
どこでも寝られるところ（笑）。
ロケバスの中でいつも爆睡してます。

54 コンプレックスはある？
数え切れないほどある!!

55 自分の好きなパーツは？
**ホメられ
背中♡**

56 好きな撮影小道具は？
別に好きじゃないんだけど
なぜか電話と絡む撮影が多い。

57 撮影のあき時間は何してる？
iPhoneでずっとゲーム。

58 一番緊張したお仕事は？
『笑っていいとも！』と
『MTV』のプレゼンター。
カメラの前では笑えるのに
TV収録と大勢の人の前は
いつも緊張でガッチガチ。

59 どうやって早起きしているの？
本当に朝は弱いから……
マネージャーに
電話で起こしてもらうときもあるかな（笑）。

60 モデル人生で一番のトラブルは？
"ものもらい"になったこと。お岩さん状態に
なってしまいスタッフに迷惑かけちゃいました。
あとは太ったこと（笑）。

61 プロのモデルとして毎日、心がけていることは？ 
うがい、手洗い！
体調管理もプロの仕事。

62 モデルになってなかったらどんな仕事をしてたと思う？
なりたかったのはキャビンアテンダントだけど
英語が苦手だからなれなかっただろうな（笑）。

63 やってみたい仕事は？
**OLさん。
スゴク憧れる!!**

64 一番印象に残ってる海外ロケは？
上海。ホテルで金縛りにあって
なぜか、親指を握られた（笑）。

65 思い出に残ってる撮影中のビックリ事件は？
海外ロケでカメラマンさんがカメラケースの
上から落下。大事なカメラが壊れたこと（笑）。

66 10年前の自分にアドバイスできるとしたら？
**「腹出しファッションはヤメて。
腰やオナカを冷やすと
脂肪がつきやすくなりますよ!!」**

Chapter 04 Private

67 一週間の休みができたら?
2泊3日で温泉に行って、あとは家でダラダラ。

68 お気に入りの温泉街は?
伊豆や箱根が近くて好き。いつか『強羅花壇』に行ってみた〜い♡

69 一カ月の休みができたら?
海外旅行に行く。メキシコもまた行きたいしモルディブやエジプトにも行ってみたいなぁ。

70 一番楽しかったプライベートの旅は?
ギリシャ。パルテノン神殿に感動。実は世界遺産や遺跡好き。

71 好きなギリシャ神話は?
太陽の神に恋をした水の精。太陽を見上げ続けるその姿がヒマワリになった。「あなたを見つめる」という花言葉もそこに由来してるの。

72 好きなお菓子は?
森永『ハイチュウ』のイチゴ味。

73 好きな飲み物は?
麦茶。デトックス効果もあるしノンカフェインなのが◎

74 好物はなんですか?
チーズの入ったウィンナー♡

75 嫌いなものは?
パセリ、パクチー、肉の脂身、コーン……。コーンスープは好きだけど、あのツブツブが苦手なの。

76 好きなお酒は?
焼酎♡ いつも必ず頼むのがウーロンハイと緑茶ハイ。

77 撮影で出るとテンションがアガるお弁当は?
叙々苑 弁当。意外とモデルは体力仕事。スタミナつけないと(笑)

78 よく行くファミレスは?
『びっくりドンキー』ポテサラパケットディッシュが一番のお気に入りメニュー。

79 よく行くファストフード店は?
やっぱり『マクドナルド』♡ たまにムショ〜に食べたくなる。

80 スタバのお気に入りメニューは?
ほうじ茶 ティーラテ♡

81 お気に入りの飲食店は?
代官山の『莫莫居』、表参道の『やさい家めい』、渋谷の『赤から』、東急本店の上にあるお寿司屋さん。

82 お気に入りのラーメン屋は?
ラーメン大好き♡ 基本、とんこつ派なので『天下一品』によく行くよ。

83 死ぬまでに一度は食べたい!! そんなメニューはある?
私ね、大人になってから甲殻類アレルギーになっちゃったの(泣)。もう一度、大好きな海老フライを食べたい〜!!

84 次はどんな髪型にしたい?
当分はショートの予定。

85 どのくらいのペースで美容室に通ってる?
基本は月に1回ペース。伸ばしたいときは半年くらい行かないことも。行くと切りたくなっちゃうから。

86 思い出のデートを教えて♡
中学生の頃 大好きな人と行った公園。緊張しすぎて、口から心臓が飛び出るかと思った（笑）。

87 どんなデートが好き？
部屋でダラダラTV見て「夕食どうしよっか？」なんて普通の会話を交わすたわいもない時間も幸せ♡

88 デートに行くとき何を着る？
いつもと変わらない（笑）。彼の好きな服ではなく自分の好きな服を着ます。

89 自分からアプローチするタイプ？
好きになったらします!!

90 田中流の恋のアプローチとは？
やたら連絡しますね。そのきっかけとなるネタを毎日、必死に探してる（笑）。

91 どんなときに恋にオチる？
いつも気付いたら好きになってる。その人のメールを待っている自分に気付いたとき、恋の始まりを感じます。

92 失恋したら……？
ひとりでトコトン落ち込んで、涙が枯れるまで泣く。笑って話せるようになってから友達に報告するタイプ。

93 好きなタイプは？
器が大きくて優しい人♡

94 忘れられない失恋経験談は？
ありすぎて書ききれない（笑）。

95 恋する幸せを感じる瞬間は？
こないだまで、ひとりで過ごしていた時間を二人で過ごしているとき。

96 結婚はいつしたい？
29歳まで結婚しなかったら52歳までできないって占いで言われたことがあるの。だからこそ、何がなんでも29歳までに結婚したい（笑）。

97 どんな結婚式がしたい？
スライドショーや両親への手紙……鉄板といわれるイベントを全部体験できるベタな結婚式がしたい♡

98 どんなウェディングドレスが着たい？
お姫様みたいなプリンセスライン。スマートなドレスはパーティーで着られるけどアレは結婚式でしか着られない！

99 10年後、どうなっていたい？
子育て奮闘中!!

100 ファンのみんなにひと言!!
「愛してる♡♡♡」

My MANGA Selection

美保の鉄板マンガ34作

ページをめくるたび、いろんな世界に連れて行ってくれる。私にとって"マンガ"は最高のエンターテインメント!!
※掲載されている情報は2011年6月時点のものです。

『行け! 稲中卓球部』
パンダの乗り物を見れば"死ね死ね団"を、段ボールを見れば"宅急便で送られる田中"を思い出す……何度も読み返した私のバイブル!! 1～13巻 各¥509～541
©古谷実／講談社

『宇宙兄弟』
一番印象に残っているのが、弟が月で遭難しかけるシーン。今は亡き宇宙飛行士の先輩のおかげで助かる場面は、涙なしには読めません! 1～14巻 各¥580～590
©小山宙哉／講談社

『怨み屋本舗』
決めぜりふが"人を呪わば穴ふたつ"。その言葉通りに人を陥れようとすると不幸に……私も人を怨むのはやめようと思った(笑)。1～20巻 各¥530～580
©栗原正尚／集英社

『岳 みんなの山』
山を登る人、命を守る人、山岳救助隊の主人公を通じてそれぞれの人生が見えてくるの。そのドラマは、命の大切さを教えてくれる。1～14巻 各¥550～560
©2005 石塚真一／小学館 ビッグコミックオリジナル連載中

『カズン』
"キレイになって好きな人を振り向かせたい"という想いやダイエットの苦しみがリアルに描かれているの。"わかる!!"を連発することは必至。1～3巻 各¥900
©いくえみ綾／祥伝社刊

『寄生獣』
寄生獣が体をむしばんでいく様子が、とにかくエグイ。なのに"怖いもの見たさ"で、ついつい何度も読み返しちゃうんだよね～。なんでだろ(笑)。1～8巻 各¥
©岩明均／講談社

『キッシ～ズ』
隣に越してきたアイドル5人組と、恋のトラブルが次々と勃発。女子の夢が詰まってる!! トキメキたいときや現実逃避したいときにオススメ。全10巻 各¥630
©山田也／集英社文庫コミック版

『潔く柔く』
胸がギュッと切なくなる、人を愛する気持ちが詰まったオムニバス。登場人物の"これから"も追い続けたい、そう思うほどハマった。1～13巻 各¥410～420
©いくえみ綾／集英社

『海月姫』
腐女子がメイクとファッションで変身……乙女の変身願望を叶えてくれるだけじゃなく、とにかく笑える!! 濃いオタクキャラ達が最高なの。1～7巻 各¥440
©東村アキコ／講談社

『恋文日和』
ラブレターにまつわる胸キュンストーリーをパッケージしたオムニバス。私もこんな告白されたい…。屋上のエピソードが一番のお気に入り。1～3巻 各¥410
©ジョージ朝倉／講談社

『ご近所物語』
幼馴染と恋に落ちあって結婚する……このマンガみたいな恋にずっと憧れてた。残念なことに、今からじゃ、その夢は叶わないんだけどね(笑)。1～7巻 各¥410
©矢沢漫画制作所／集英社

『座敷女』
これも完全に"怖いもの見たさ"(笑)。座敷女のターゲットは主人公につる、あの冒頭の流れは何度読んでもゾクッとする!! 本当に怖い!! ¥560
©望月峯太郎／講談社

『地獄先生ぬ〜べ〜』
"週刊少年ジャンプ"で連載している頃から読んでた。私にとってこの作品は"学校の怪談"。小学校の頃のワクワク感を思い出すの♡ 全20巻 各¥630
©岡野剛・真倉翔／集英社文庫コミック版

『少女ファイト』
バレーボールをテーマにしたスポ根マンガ。これを読むと、自分が部活をやっていた頃の"目標に向かう熱い気持ち"がよみがえってくる!! 1～7巻 各¥620
©日本橋ヨヲコ／講談社

『少年少女ロマンス』
存在しないと知りつつ、白馬の王子様を追い求めてしまう……"恋愛"への幻想を捨てきれない主人公の気持ちに共鳴!! 恋愛って難しい!! 1～3巻 各¥410
©ジョージ朝倉／講談社

『新宿スワン』
キャバクラや風俗のスカウトマンのストーリー。このマンガからは危険な夜の街の裏事情が学べます。楽しみながら社会勉強もできる作品。1～26巻 各¥560
©和久井健／講談社

『聖☆おにいさん』
ブッダとイエスが立川の4畳半のアパートで同居。しかも、神様なのになぜか貧乏。そういう設定が笑えるギャグマンガ。爆笑必至。1～6巻 各¥580
©中村光／講談社

『タッチ』
"上杉達也は浅倉南を愛しています"の場面はマジで泣ける。本当にタッちゃんはイイ男。そしてな南は魔性の女。私はそう思うんだけど(笑)。1～11巻 各¥900
©あだち充／小学館・週刊少年サンデー

106 Miho♥

『天使なんかじゃない』
学園モノ好きとしてはハズせない作品。名場面は数あるけれど、私が好きなのは、マミりんが「冴島翠になりたい」という場面。泣ける〜!! 1〜8巻 各¥410

©矢沢あい／集英社

『NANA』
二人のナナが東京に出て出会うまで、……「一体、ここから何が始まるんだろう?」っていうワクワクがつまった1巻が一番好きなんです♡ 1〜21巻 各¥410〜500

©矢沢漫画制作所／集英社 クッキー

『働きマン』
読むたびに"仕事スイッチ"がオンになる。働く女子のバイブル!! モチベーションが下がってるときに開くと、不思議とやる気が出るの。1〜4巻 各¥540

©安野モヨコ／講談社

『ハッピー・マニア』
何度読んでも"ハッ"とさせられるセリフや場面に出会う。しかも、それが自分の状況によって変わっていくんだよね。本当に奥深い。1〜6巻 各¥600

©安野モヨコ／祥伝社刊

『花より男子』
女子の憧れや夢がギッシリ。「つくしみたいなカッコイイ女の子になりたい」と思いながら読んだけど、結局、なれませんでした(笑)。1〜37巻 各¥410

©神尾葉子・リーフプロダクション／集英社

『Paradise Kiss』
これはもう、ジョージがカッコよすぎてヤバい(笑)。一緒にいて幸せになれないとわかっているけど惹かれちゃう…彼は恐ろしい男ですよ。1〜5巻 各¥900

©矢沢漫画制作所／祥伝社

『ピース オブ ケイク』
リアルに恋愛を描いたマンガ。いいところばかりじゃなく、痛いところもキチンと描かれているから。これがまたシミるんだなぁ。1〜5巻 各¥980〜1200

©ジョージ朝倉／祥伝社刊

『彼岸島』
吸血鬼の村に迷い込み、吸血鬼と戦い続けるハナシなんだけど。これがエグいんですよ。でも、ついつい読みたくなっちゃうんだよね。1〜33巻 各¥560〜580

©松本光司／講談社

『ブラック・ジャック』
注目すべきはブラック・ジャックの孤独感。そして、彼の優しさ。本当の意味での優しさを教えてくれるマンガなんです。1〜25巻 各¥410〜440

©手塚プロダクション

『僕等がいた』
もう「どうして!?」ってくらい不幸な過去を背負った男の子。そしてすれ違う恋…切なすぎる!! 思いっきり泣きたい夜にオススメ。1〜15巻 各¥410〜420

©小畑友紀／小学館・ベツコミフラワーコミックス

『MONSTER』
ストーリーには世界の歴史も深くかかわっているから勉強にもなるの。また、頭を使うから、時間のあるときに本気で読むっ。1〜18巻 各¥509〜540

©浦沢直樹 スタジオナッツ／小学館

『ヤマトナデシコ七変化』
カッコいい男子と根暗な女の子が繰り広げるラブコメ。これが何度読んでも飽きないの。今もよく持ち歩いて、撮影の合間とかに読んでる。1〜28巻 各¥440

©はやかわともこ／講談社

『闇金ウシジマくん』
心から「借金って恐ろしいな」と思える作品。オー(10日で一割の利子がつく)をはじめ、このマンガから闇金の仕組みも学んだ(笑)。1〜21集 各¥530〜550

©真鍋昌平／小学館

『臨死!! 江古田ちゃん』
江古田ちゃんのダメ女っぷりがひたすら笑える。落ち込んでいるときに開くと「自分はまだ大丈夫だ」と元気が出るから不思議(笑)。1〜5巻 各¥550〜560

©瀧波ユカリ／講談社

> How romantic! Makes me want to fall in love!!

『笑ゥせぇるすまん』
これを読むと「欲深くなっちゃいけないんだな」としみじみ痛感。強欲になると、喪黒福造に「ドーン!!」ってヤラれちゃうからね♡ 1〜5巻 各¥580〜680

©藤子不二雄Ⓐ 中央公論新社 中公文庫コミック版

『ONE PIECE』
これは鉄板中の鉄板!! 読んでない人は今すぐに読んで!! 友情、夢、熱い気持ち…間違いなくパワーをもらえる。シャンクスLOVE♡ 1〜62巻 各¥410

©尾田栄一郎／集英社

Chapter 04 Private　107

私 あの日
クサってたから

砂漠に
うっかり
水が染みたんだ

ふだんの私だったら
きっと なんでもない
ことだったんだ

スルーだよ
スルー

サマーマジックだよ

ブルブル

ゼッ♪

……どうしたの?
こんな夜中に

うん…

?
どうしたの…?

起きてる?
今から行っても
いい?
………END…

美保と
一緒に暮らす
家のことばっかり
考えてたら……

一人で
眠れなくなった…
いっしょに
寝て?

彼の瞳の
向こうに

私たちの
小さな家が
みえた

※本特集は、P111から始まります。

オレも あんなのを つくるのだ！

夢を語る 瞳がまっすぐで

その先に あるものは 確かに 輝いている

私も 彼を 照らせる 一人に なりたい

だけど その まっすぐの 向こうに

建築住宅設計コンペティション

のびたよー…

パスタ

うん……

パスタ

できた よー

私は

いるのかな

かえる ね…

大丈夫だよ 気にしないで

最近

この頃は どこにも 行ってない

ううん いいの そんなことは

遊びたいわけじゃ ない ジャマしたいわけ じゃない

でもね

気付いてる のかな

目すら 合わないん だよ？

その日——
私はクサっていた

こんなにいい天気なのに友だちにドライブドタキャンされた

ごめんね〜次の休みは絶対デートだよ〜

まん喫でもいくか〜

友情より彼氏だよね〜やっぱ……

ゆっくりお茶でもして

今日の過ごし方を考えよう

キャ〜〜〜ごめんなさいっ

あああパソコンあわわ

大丈夫だよかかってない

気にしないで

キミは大丈夫？

カフェで出会った彼は建築家の卵だと言った

Special Feature!

マンガ家・いくえみ綾×**田中美保**
夢のコラボが実現！

美保の理想の彼がマンガで登場！

「理系男子に恋をした。」

大・大・大好きな、いくえみ綾先生のマンガの世界に、とうとう美保が入り込んじゃった。美保の理想と妄想をすべて詰め込んだ、最高にスペシャルでHAPPYなマンガをお届け！

← このページからStart！

111

Chapter 05
Love

恋愛、家族、友情…
たくさんの愛につつまれて

112 Miho ♥

Chapter 05 Love

My Love Philosophy

美保の愛情哲学

Romance & Relationships 恋愛について

昔も今もずっと一途に恋をしている

初恋は幼稚園の頃。相手は「ここで私が鉄棒やるの!!」と駄々をこねてもスグに譲ってくれる、そんな優しい男の子でした。小学校に入ってからは、勉強もスポーツもできる人気者の男子に恋をした。そのコのことがずっと大好きで。バレンタインには生まれて初めて**手作りチョコ**をプレゼント。溶かして固めただけのチョコでしたけどね。その恋は……給食の時間、皆の前でいきなり「あのチョコの返事っているの？」と声をかけられ、焦って「そんなのいらない!!」と答えてしまい終了(笑)。後に両想いであることが判明するんだけど……時すでに遅し、でしたねぇ。

幼い頃の私は、**積極的なんだけど土壇場で失敗**するタイプ(笑)。中学時代もまさにそんな感じで。3年間ず〜っと好きだった男の子に告白するときも、リサーチ不足で、うっかり彼女がいるタイミングで想いを告げちゃったりして。その結果、**3回告白して3回とも玉砕**(笑)。せめて思い出を残してくれようとしたのか？ 卒業式の日、その彼が「一緒に帰ろう」って誘ってくれたんだけど……残念なことに、我が家は学校のすぐそばで、幸せな時間は**5分もしないうちに終了**(笑)。「第二ボタンじゃないけれど」と彼がくれたボタンを握りしめ、「第二ボタンは誰にあげたの？」と聞く勇気も、4回目の告白をする勇気も出せないまま、3年間の私の恋は終わりを告げたのでした。

恋に傷つき臆病になってしまったこともある

高校では、完全に、自転車で一緒に帰っていくカップルを窓際から眺めているタイプでした(笑)。「うらやましいな。私も制服デートがしたいなぁ♡」ってね。

よく「モデルだからモテるんでしょ？」なんて聞かれるんだけど……その答えは「No」ですね。恋をするときは誰だって**普通の女の子**ですから。フラれることだってもちろんあるし、辛い恋で傷ついたことも、ひとりで泣いた夜だって、数えきれないほど経験したよ。

モデルだからってトクすることなんてない。それどころか、恋愛において私は**かなり不器用**

なほうだと思う。
恋に臆病になって、勝手に不安になってしまったり、相手を疑ってしまったり……。
自分の手で壊してしまった恋がいくつもある。
「どうしたら信じられるの？」「どうすればいい恋ができるの？」
20代は恋に臆病になった自分との戦いだったような気がするな。

心から信頼できる人に出会えた

嫌われたくないから相手の言うことを全部のみ込んでしまう、フラれたくないから"理解のある女"を演じてしまう……恋に臆病だった時期は、素直になれなかったし、本当の自分を見せられなかった。ひとりで家にいると、連絡を待ちながら、余計な不安でいっぱいになってしまうから、クタクタになるまで、飲んで喋って、ベッドに倒れ込むように眠る……そんな毎日を送っていた時期もあるんだ。
あの頃は好きな人と恋しているのに、スゴク辛かった。
そんな私が変われたのは、初めて"心から信頼できる人"に出会えたから。
その人はね、スグに不安になって空回りしてしまう私のダメな部分を全部受け止めてくれたの。「そんなの普通だよ」「恋をすれば誰だって不安になるよ」そう笑って、マメに連絡をしたり、気持ちをちゃんと言葉にしたり、私が不安にならないように心がけてくれた。ちゃんと伝わってくる、真っ直ぐな彼の「好き」の気持ちの前では、私も素直になれたんだ。
"愛される喜び"を心から感じることができたのは、その恋が初めてだったような気がするな。

恋は"薬"にも"毒"にもなる

「いい恋ができないのは私のせいなんじゃないか？」と自分を責めてばかりいた時期もあったけど、今振り返ると、恋が上手くいかなかった理由は恋愛観の違いにあったんだと思う。
どんな恋がしたいのか？　どんな関係を築きたいのか？　何に幸せを求めるのか？
その答えは人それぞれ。その異なる答えをすり合わせながら恋は育つものだと思うんだけど、核となる部分が違ってしまうと……難しいよね。人間関係と同じで恋愛関係にも相性がある。
いくら好きでも、うまくいかない恋だってあるんだよね。
そんな恋に執着しているときの私は自信が持てませんでした。好きな人が遠ざかるたびに、全てを否定されているような気持ちになったし、自分のやることなすことが間違いに思えた……。
そんな自分の経験からも、女の子は好きな人に認められることで自信を持つ生き物なんだなって、つくづく思う。「好きだよ」って言ってもらうことで、女の子はキラキラ輝ける……「愛されたほうが幸せ」というあの噂は本当ですよ(笑)。
恋は"薬"にも"毒"にもなる。薬になる恋を与えてくれる相手に出会うには、自分と向き合い「どんな愛を求めているのか？」を知ることが大事。私にとっては、20代の今がその勉強の時期なんだと思う。これからもきっと、泣いたり、笑ったり、いろんな壁にぶつかると思う。そうやって学びながら、最終的に運命の人と、長く続いていく愛を育められたらいいな♡

My LOVE Philosophy

美保の愛情哲学

Precious Family 大好きな家族

家族に愛をたっぷり注がれて育ちました♡

田中家は、父、母、兄、祖母の5人家族です。

お父さんはスゴク優しくて穏やかな人。

過去を振り返っても「本気で怒ったことは1回しかない」って断言できるくらい。そして、実家を出てひとり暮らしをしている今、たまに「今日はすき焼きだよ。早く帰っておいで」なんてメールをくれたり。実家に帰ったときは「美保たんの好きな『警察24時』と怖い話のTVを録画しておいたよ」なんて言ってくれる……スゴク可愛いお父さんでもあるんです♡

お兄ちゃんは優しいけど怒るとおっかない人。

部屋が一緒だったときは、お兄ちゃんのモノを触っただけで怒られたし。早く寝たいお兄ちゃんと、まだ起きていたい私が「電気を消すか消さないか」でケンカすることも多かった。結局、いつも私が負けちゃって……廊下の薄暗い明りの下でテスト勉強するハメになるんだけどね。数えきれないほどケンカもしたけど、お兄ちゃんはスゴク優しい人なんです。幼い頃、「おんぶして！」って抱きついた私の重みに耐えられず、ふたりして、キャンプ場の坂道を転がり落ちたことがあるの。私が下敷きになって流血する大騒ぎになったんだけど、なぜか、お兄ちゃんがめちゃくちゃ怒られたんだよね。悪いのは私なのに、お兄ちゃんが怒られてしまう……昔はそういうことがよくあって(笑)。でも、いつもお兄ちゃんは、文句も言わずに最後まで私をかばい続けてくれたんだ。

お母さんは厳しいけど情深い人。

子供の頃は、本当におっかなかったんですよ(笑)。門限を過ぎると外に締め出されたし。挨拶、お箸の持ち方、洗濯物のたたみ方……礼儀やマナーにもスゴク厳しかった。でも、私が外で恥ずかしい思いをしなくて済むのはお母さんのおかげだなって、今では心から感謝している。

おばあちゃんは強くてあたたかい人。

沢山の苦労を乗り越えてきたからこその優しさや強さを持つおばあちゃんは、私にとってのスーパーウーマン!! おばあちゃんを見ると、ついつい寄りかかりたくなってしまう。年を取って小さくなったけれど、私にとっては永遠に大きな存在なんです。

いつも素直に言えないけど、心から「ありがとう」

うちの両親はしつけや礼儀には厳しかったけど、幼い頃から、子供の意思を尊重してくれました。スカウトされたときも、特に何も言わず「やりたいならやりなさい」という感じで。ただ興味本位で「やってみたい」と言った私の答えを尊重してくれたんだ。

今でも、家族は私の仕事の話には滅多に触れません。

唯一、お母さんが私に言ったのが「天狗になるな」というひと言。「どんなに仕事の依頼がきて、人気が出たとしても、自分だけの力だと思っちゃダメ。支えてくれる周りの人への感謝の気持ちを絶対に忘れちゃいけないよ」って。「天狗になったら、その鼻を私がへし折ってやる!!」とまで言われましたからね(笑)。
優しい父と兄と厳しく情深い母と祖母。悲しいときは抱きしめてくれたし、悪いコトをしたときは思い切り叱ってくれた……私は家族から沢山の愛をもらいながら育ちました。
そんな私にとって家族とは、絶対的な味方であり、世界で一番大切な人達。
いつもは照れくさくて、なかなか言葉にできないけれど……
「ありがとう。そして、一秒でも長く生きてください」

Best Friends Forever 友情は永遠
友達がいたからこそ普通の女の子でいられた

地元の友達とは今でもスゴク仲が良くて。うちにもしょっちゅう泊まりに来るの。
ガールズトークで盛り上がっているうちに、気がつけば朝日が……なんてことも多々(笑)。
「あなたにとって友達は?」と聞かれたら、私は迷いなく「宝物です」と答えると思う。
私ね、今も昔も、仕事現場を出たらスグに〝普通の女の子〟に戻れるんです。
たまに「雑誌に出たり、TVに出たりすると、プライベートがなくて大変でしょう?」とか
「周りの目が気になったりするでしょう?」とか聞かれることがあるんだけど……
そういうのも、全く気にしたことがないんだよね(笑)。
友達と飲むときは普通の居酒屋だし、スッピンのまま普通に渋谷で買い物だってする。
街で声をかけられたりすると「え、なんで私に!?」ってうっかり驚いてしまうくらい、
プライベートは素の状態なんです(笑)。
そんなふうに毎日を過ごせるのは、私が〝普通の女の子〟でいられる環境を
友達が守り続けてくれたから。
一緒にいるときは仕事の話は一切しない。モデルとして特別扱いなんてしない。
こういうお仕事をしている人はみんな経験していると思うんだけど、学生時代はね、
知らない人に変な噂をたてられたり、心ないことを言われることもあったの。でも、そういう
ときも友達が「そんなの別にいいじゃん」って笑い飛ばしてくれた。「他の人がどう思おうと、
何を言おうと、うちらは本当の美保を知っているから。それでよくない?」
って。その言葉にはいつも救われたし、今も支えられています。
私の前では仕事の話なんかしないくせに、
コンビニで私が表紙の雑誌を見つけるたびに棚の一番前に並べてくれたり……
密かに私の仕事を応援してくれているのも私は知っているよ。
ひとりの女の子として私を愛し応援してくれる大切な友達。
これからもずっと仲良しでいてね♡

Thank you ♡

28th Birthday

28歳の誕生日会にカメラが潜入

友達や仕事仲間が集まった
28回目のバースデーパーティーをレポート☆

2011年1月12日。28歳になりました♡

毎年、誕生日は大好きな人達がお祝いしてくれます。集まってくれた人達の顔を見ると「こんなに沢山の人に支えられて私は立ってるんだなぁ」ってシミジミ感動する。誕生日はそんな大好きな人達への「ありがとう♡」の気持ちでいっぱいになる日なんだ。しかも今年は、事務所が盛大なパーティーを開いてくれたの♡ 数え切れないほどの「おめでとう」の言葉をもらえて最高に幸せ!! そんな私の28歳の目標は……"大人の女性"になること。器のでかい女になりたい」。

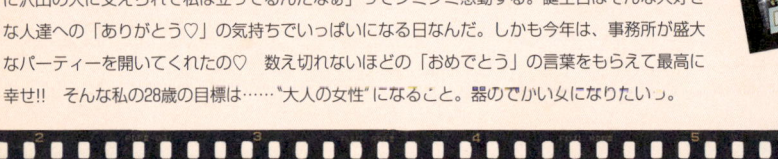

After Party

二次会は女子飲み♥

まだまだ飲みま～す!!

でねでね…

Miho♥

△モア編集部のみなさんと

△ノンノ編集部のみなさんと
カメラマン柴田さん(左下)

△H&M木部さん＆渡辺さん、
mina編集部のお二人と

△Used Mix編集部の川田さん(左)、灰岡さん(右)

Cheers
Hi!
Wow!
かんぱーい
元気ですか〜！
プレゼント大公開♪
見て見て★
どれどれ
じゃーん！

Chapter 05 Love   119

LOVE LETTERS

美保を愛するみんなからのメッセージ

夜中にする美保ちゃんとのメール交換が好きです。素直に「好き」という言葉をメールでくれる美保ちゃんに、「・・・う、胸が・・・苦しい・・これは恋？」と錯覚に陥るほどです。男子ってこんな気持ちなんかなぁ？と美保ちゃんに逢うといつも思います。ずっとホッペがほわほわの美保ちゃんでいてね。

Artist

みほみほみほ。みーちゃんとは、地元も一緒で地元の友達も一緒で、気が付いたらもう随分長い事一緒にいますね。あの頃10代だった私達。制服で満員電車に揺られたスタジオからの帰り道。あ～懐かしや懐かしや。さぁ待ちに待った30代を目の前に、もっともっと愉しんでしまいましょう。むふふのふ。

浅見 れいな
Actress
©LesPros entertainment.Co.,Ltd.

美保ちゃんはこれまで、いくつの「大丈夫」を発信してきたのだろう。美保ちゃんが悩める誰かへかける「大丈夫」の安心感は圧倒的。あまりにも優しい。それはおそらく、美保ちゃん自身が、自らに課せられた数多くの「大丈夫」を乗り越えてきたから。私に権利があるのなら、田中美保にハナマルを差し上げたい。"よく頑張りました"の一言を添えて。

酒井 若菜
Actress

写真集発売おめでとうございます。美保ちゃんとお会いする前は厳しい方なのかな～と勝手に思っていたのですが、本当はとても優しい先輩でいつもお仕事ご一緒させて頂くことを楽しみにしています。これからもたくさんお世話になりますので色々と宜しくお願いします。マンガ好きな美保ちゃんにマンガの話をたっぷり聞きたいので、今度ごはん行きましょう！

佐々木 希
Model

写真集発売おめでとうございます。いろんな表情で沢山のパワーを与えてくれる美保ちゃん。いつまでもずーっと私の憧れ。いつまでも美保ちゃんの笑顔で沢山の人をハッピーにさせてね！！

長澤 奈央
Actress, Artist

美保ちゃんへ
初舞台、良かったねえ
あの男臭い、汗臭い稽古場で「すっ」と立つ美保ちゃんは、まさにトップモデルであり続ける別世界の美保ちゃんでした。美保ちゃん、いいねえ。ひたむきに稽古に打ち込む姿や、分けへだてなく人に接する性格は、いつも僕の心を穏やかにしてくれました。舞台がはねた後、美保ちゃんと一緒の食事は体中の力が抜けるほど、至福の時間でした。いいねえ美保ちゃん。

ベンガル
Actor

昔からから大好きなモデルさんで、お仕事で初めて会った時はとても感動したのを憶えています。以来今でも変わらず素敵な笑顔とぷるぷる肌に、時にはしっかりアドバイスをもらったり大好きな存在です！！　一緒にお酒を飲む時も、撮影の時とは違った一面に触れることもでき美保ちゃんと飲む時間は、とても楽しいです。いっしょに舞台を観に行った帰り、高速で大渋滞に巻き込まれ長時間タクシーに缶詰めになって、1つの麦茶を2人で分け合って過ごしたのを思い出します。これからも素敵なモデル＆良き先輩でいて下さい！！！

矢野 未希子
Model

美保ちゃん☺
可愛くて
かっこ良い美保chan♡
またライブ見に行こうね～♪
そして"恋バナ"しよ～ね♡
いつもありがとう。Love..☺

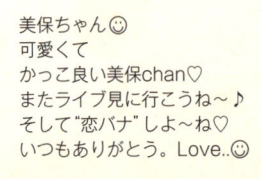

優香
Actress

from Miho's Friends

仕事でお世話になった先輩や仲間、そして気の置けない友達から、愛のあふれるメッセージをいただきました！

岸本セシル — Model
朝早くの撮影でロケバスにのりこむ時の美保ちゃんの明るい「オハヨウ！！😊」に感動して「今日も頑張ろう！！！」って気合が入るルゥです(笑)

Crystal Kay — Artist
みほちゃ〜ん！！写真集リリースおめでとう☆今度ガールズトークがてら、呑み行こうね♡

みほちゃんへ😊　STで出会って、MOREでまた再会できてうれしかったよ♪これからもマイペースでキュートなみほちゃんでいてね！いつもやさしくしてくれてありがとう♡

鈴木えみ — Model

私が美保ちんと初めて会ったのは、セブンティーンの撮影の時。明るくて、可愛くて、凄く現場を明るくする優しい、ちょっと天然な女の子！初めて会ったのにもかかわらず、私にも凄くフレンドリーに話しかけてくれたのを覚えてます。美保ちんの活躍は今でも色々な場所で見て、心から応援してるぜ！今まで通り変わらず仕事をガンガンやって、多くの人に多くの愛を振り撒いてくれーい　そしてまたいつか一緒に仕事が出来るのを心から待ち望んでやす　美保ちんの1ファン土屋アンナより

土屋アンナ — Model, Artist

照れて静かにしていたかと思えば、少年のような表情を見せてくれる美保ちゃん。お酒というガソリンを一緒に摂取すると「え゛み゛り゛ざ゛〜ん」とまとわりついてくる可愛子ちゃん。本の発売おめでとう！！いつまでも美保ちゃんらしく進んで下さい。またガハガハ笑おう。うんそうしよ〜！！

Actress

知り合ってからもう10年以上経つね！出会って間もない頃は小学生と高校生で子供と大人という感じで会話にも共通点が無くって戸惑ったよね(笑)最近は2人で家でゴロゴロしたり、ご飯作ったり、温泉行ったり楽しいね！美保ちゃんは私にとって頼れて信頼できる、本当のお姉ちゃんみたいに思ってます。だから美保ちゃんが『美優の事は本当の妹みたいに思ってる』って言ってくれるのが凄く嬉しいんだ！

美優 — Model

美保ちゃんは実際に会ってみても、本当に透明感がすごくて、お肌なんてむきたてゆで卵か、陶器みたい！性格は意外に男の子っぽくて気持ち良くて、そのギャップにやられちゃいました！

優木まおみ — Actress

初舞台「夜は短し歩けよ乙女」で美保さん演じる乙女を、毎日追いかける時間がとても幸せでした。何故なら貴女は僕の思う乙女像を舞台の上でも、そうでない時も、見事に貫いていたから。それは美保さんがいつも自然で変わらない明るさと輝きに溢れているからです。貴女の優しさと暖かさ、芯の通った強い人間性に僕はいつも強い刺激を受けます。ずっと変わらず、乙女でいて下さい。

渡部豪太 — Actor

Chapter 05 Love　121

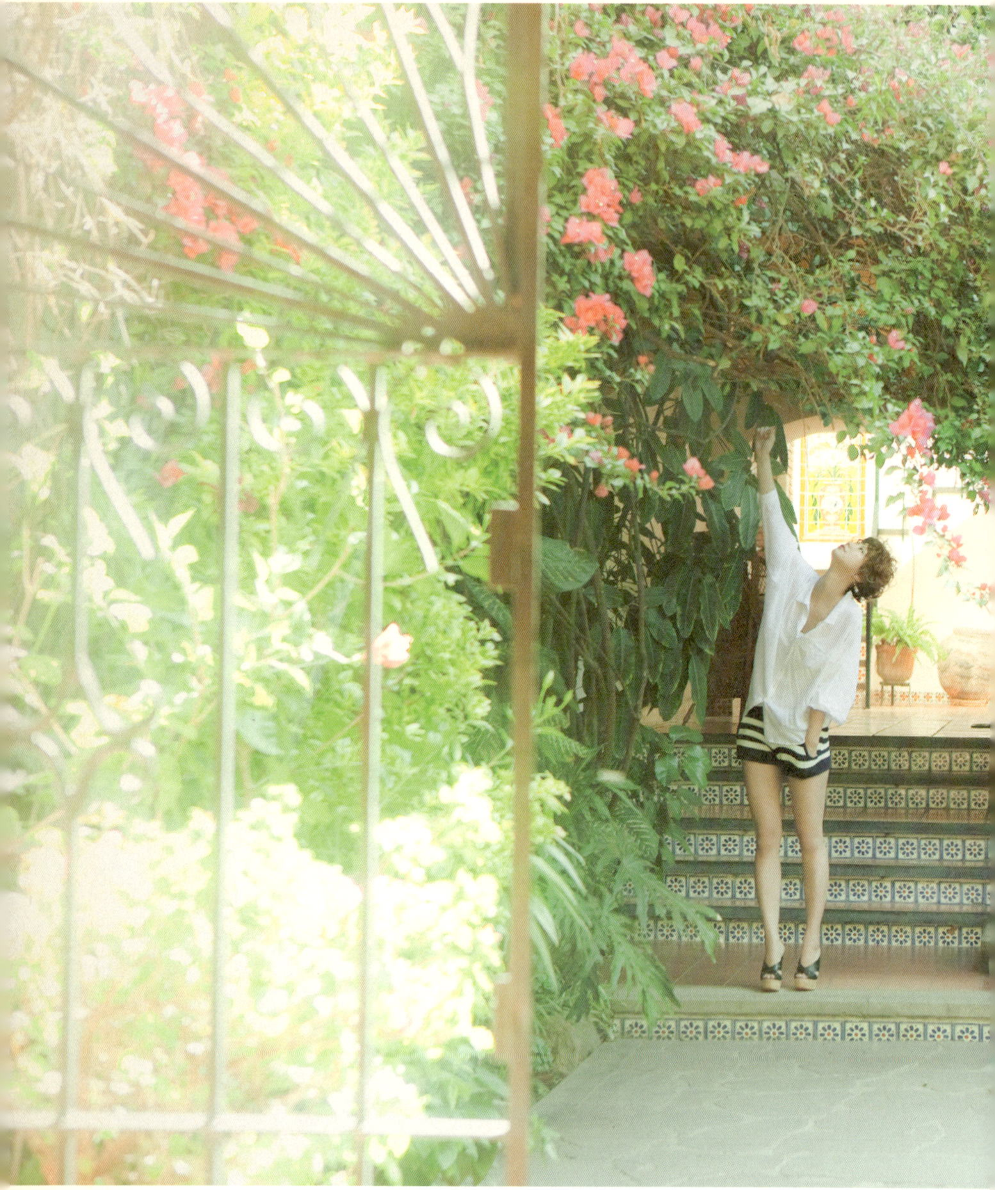

Abra la puerta,
 y vamos a profundizar
en el nuevo mundo.

THANK YOU
and See You Again...

皆様 いかがでしたか？
"ショートトリップ" 楽しんでいただけたでしょうか (笑)。
今回のPHOTO BOOK『昔の私・今の私・これからの私』と
もり沢山のLIFE STYLE本。
私の全てがつまった1冊...
時代ごとにふり返って "笑って泣いて怒って"
色んな事があったなと 胸の奥が きゅう〜〜っと 熱くなりました。
はじめ、LIFE STYLE本...んー... HISTORY...んー...
なんて思ったりしましたが、この1冊ができて
色んな人の愛や応援があってこその この14年間なんだと
感謝の気持ちでいっぱいになりました。

Miho♥

"初心 忘れるべからず" なんて ずっと思って やってきたハズが
知らず知らずのうちに 忘れて いってしまうのも 事実。
だから こういう本を ださせてもらえて、私は LUCKY GIRL ☆です。
そして 私に かかわって 応援してきてくれた
FANの皆様。STAFFさんたち。家族。友人。私の大好きな人たち...
どうも ありがとうございます ♡
私はもちろんですが、皆が笑顔になれる そんな 1冊であって 欲しいです。
これからも 私らしく。力強く。悩んで泣いて。笑ってはしゃいで
人間らしく ありのまま 頑張りたいと思います。
これからも どうぞ よろしくお願いします。。。

愛をこめて... ♡ 田中 美保

Shop List

あ
RMK Division	☎0120(988)271
ASH(ハヤシゴ)	☎03(5464)7745
アナザーエディション 原宿本店	☎03(5785)2501
アナ スイ コスメティックス	☎0120(735)559
amyris	☎03(5467)7010
アルバローザ ジャパン (アルバローザ)	☎03(5774)4683
UNSQUEAKY	☎03(5772)7264
イミュ	☎0120(371)367
H&M カスタマーサービス	☎03(5456)7070

か
CA4LA ショールーム	☎03(5775)3433
クルーン ア ソング プレスルーム	☎03(3797)4003
クルーン ア ソング 銀座マロニエゲート	☎03(5524)2100
クルーン ア ソング渋谷PARCO PART1店	☎03(3464)5550
k3 OFFICE	☎03(3464)5357
コージー本舗	☎03(3842)0226

さ
Cher Shore	☎0467(33)2198
Cher Daikanyama	☎03(5457)2261
Cher Harajuku	☎03(5467)8248
資生堂	☎0120(81)4710
シップス 銀座 ウィメンズ店	☎03(5524)0283
シップス 渋谷店	☎03(3496)0481
ジャーナル スタンダード 渋谷店	☎03(5457)0719
ジャーナル スタンダード レサージュ 銀座店	☎03(5524)2200
ジャーナル スタンダード レリューム 表参道店	☎03(6438)0401
JACK OF ALL TRADES	☎03(3401)5001
シャネル	☎0120(525)519
jouetie	☎03(6408)1078
ジュエルナローズ 原宿店	☎03(5766)9193
ジョリー ブティック	☎03(5786)1832
ジルスチュアート ビューティ	☎0120(878)652
ZOOL BROCANTE 中目黒	☎03(3716)8164
scartissue (YUGO)	☎0800(100)8282
snidel 梅田エスト店	☎06(6372)1360
snidel ルミネ新宿2店	☎03(3345)5357
ソニア リキエル	☎0120(074)064

た
deicy 代官山	☎03(5728)6718
12 by Nina mew	☎03(6427)9369
DRWCYS	☎03(3470)6511

な
ナノ・ユニバース 東京	☎03(5456)9957
northcorner	☎0770(20)1231

は
PARK by k3	☎03(5428)4355
BULSARA	☎03(3406)1250
パルファム ジバンシイ	☎03(3264)3941
ビバ・サーカス	☎03(5464)1775
FABULOUS CLOSET (SANYO SHOKAI)	☎0120(340)460
フリド メール	☎0467(22)2277
Heather (ポイント)	☎0120(601)162
ヘレナ ルビンスタイン	☎03(6911)8287

ま
マーキュリーデュオ	☎03(5447)6533
マスタード (キメラパーク)	☎03(5785)4711
MARIS BEAUTE	☎03(6415)7880
メイベリン ニューヨークお客様相談室	☎03(6911)8585
モード・エ・ジャコモ (プレスルーム)	☎03(5464)1775

ら
LagunaMoon	☎03(5447)6539
リミットレス ラグジュアリー ルミネ 立川店	☎042(528)7855
レブロン	☎0120(803)117
LOWRYS FARM (ポイント)	☎0120(601)162

※本書に掲載されている情報は2011年6月時点のものです。
商品・店舗情報などは変更になる可能性があります。
※本人私物は現在入手できないものもあります。
※このページに記した協力店以外のブランドに対するお問い合わせはご遠慮いただきますようお願い申し上げます。

Staff

Photography
柴田文子（エトレンヌ　メキシコロケ、P44〜45、P48〜49）
上野泰孝（P30〜39、P46〜47）
杉田麻衣子（P92〜93、P118〜119、静物）

Hair & Make-up
足立真利子（メキシコロケ、P30〜39、P44〜47）

Styling
井関かおり（メキシコロケ、P30〜39、P44〜47）

Coordination
笹本忍

Map Illustration
前田優子

Interview & Text
石井美輪

Text
味澤彩子（P50〜51）

Design
青木亮太

Poem & Translation
中西彩乃

Edit
中野裕子

Management
佐塚真美（ABP inc.）

Special Thanks

Mexico Tourism Board（メキシコ観光局）　　Cancun Convention & Visitors Bureau（カンクン観光局）
Hotel Villa del Palmar Cancún　　Isla Mujeres Tourism Board（イスラ・ムヘーレス観光局）
Secretaria de Turismo y Desarrollo Económico del Estado de Oaxaca（オアハカ州政府観光局）
Hotel Hostal de la Noria　　CASA OAXACA http://www.casaoaxaca.com.mx/
Nora Andrea Valencia http://www.almademitierra.net/

相賀耕　ND CHOW（angle）　生田昌士（まきうらオフィス）　伊藤大作（The VOICE）　今城純　内山功史
小倉啓芳　勝岡ももこ　神尾典行　神子俊昭　苅谷愛　河合竜也　菊地哲（dynamic）　菊地史　城石裕幸　佐藤きよた
四方あゆみ（ROOSTER）　鈴木希代江　Smile（PEACE MONKEY）　曽根将樹（PEACE MONKEY）　角守裕二　天日恵美子
中川眞人（3rd）　中村和孝（まきうらオフィス）　西出健太郎　蜷川実花　根本勝利　福田秀世　三枝崎貴士　水飼啓介
MITSUO　宮坂浩見　宮沢聡（D-CORD）　明賀誠　村山元一　森田晃代　森山竜男　山口イサオ　屋山和樹　（五十音順）

オフィス・パレット　　クッキー編集部

田中美保
Miho　Tanaka

1983年1月12日、東京都生まれ。
97年、『プチセブン』にてモデルデビュー。
翌98年より『セブンティーン』で、
本格的にモデル活動をスタート。
以後、現在まで『non・no』をはじめ、
数々のファッション誌で活躍を続ける。
近年は、雑誌の他にも意欲的に活動のフィールドを広げ、
CM、舞台、ドラマ、ラジオなど、
さまざまなジャンルで人気を博している。

オフィシャルブログ『340112!!』
http://ameblo.jp/tanaka--miho/

2011年6月30日　第1刷発行
2011年7月19日　第2刷発行

発行者　　髙橋あぐり

発行所　　株式会社　集英社
〒101-8050　東京都千代田区一ツ橋2-5-10

電話
編集部　☎03(3230)6205
販売部　☎03(3230)6393
読者係　☎03(3230)6080

印刷　大日本印刷株式会社
製本　共同製本株式会社

造本には十分注意しておりますが、
乱丁・落丁(本のページ順序の違いや抜け落ち)の場合は、お取り替えいたします。
購入された書店名を明記して、小社読者係宛にお送りください。
送料は小社負担でお取り替えいたします。
ただし、古書店で購入されたものについては、お取り替えできません。
本書の一部あるいは全部を無断で複写・複製することは、
法律で認められた場合を除き、著作権の侵害となります。
また、業者など、読者本人以外による本書のデジタル化は、
いかなる場合でも一切認められませんのでご注意ください。

©2011 Shueisha,Printed in Japan
ISBN978-4-08-780601-4
定価はカバーに表示してあります。

日本語訳

(裏表紙1)
わたしってどんな人でしょう？
何が好きなんでしょう？
いつも何を考えているのでしょう？
これから一緒に、私の世界へと
"ショートトリップ" です。

(P10～11)
わたしをどこか新しい場所へ
連れて行ってくれる、
タクシーさん？

(P12)
数え切れないスパイスの香りにつられて、
私は不思議の国へと入り込む。

(P13)
なぜかとっても落ち着くんだ。

(P15)
歴史の古い地区を歩いていると、
ずっと前に
忘れてしまっていた記憶が甦る。

(P58)
ここに来て一緒に泳ごうよ！
そうすると、あなたの笑顔も
この花達のように咲き誇る。

(P61)
私は母なる大地の太陽の恵みを
体中に受けている。

(P62～63)
パーティーは終わり、お昼寝の時間…
おやすみなさい。

(P65)
わたしの肌は透明な水と馴染み
わたしの足は自由に動く
まるで尾びれのように
人魚姫だったかもしれない
前世に…

(P89)
高く、高く、飛んでゆけ。
青空を自由に飛ぶ、鳥のように…

(P123)
扉を開けて、新しい世界へ飛び出そう。

(裏表紙2)
ファンの方々、スタッフ、
家族、そして友達、
私を支えてくれた皆、
ありがとう。
この本を楽しんでもらえたら嬉しいです。

Miho ♥
Miho Tanaka